"十二五"职业教育国家规划教材
经全国职业教育教材审定委员会审定

TCP/IP XIEYI FENXI YU YINGYONG

TCP/IP
协议分析与应用

主编 楼桦
副主编 李建新

高等教育出版社·北京

内容简介

　　本书为"十二五"职业教育国家规划教材。本书通过使用协议分析软件，在多个 TCP/IP 典型应用场景中对网络数据帧进行捕获、筛选和分析，来学习 ARP、ICMP、IP、IPSec、路由、TCP 和 HTTP 等关键协议，掌握协议中对于网络诊断和网络安全具有重要意义的协议字段。通过本书的学习，读者能够将计算机网络协议理论和应用实践进行结合，理解协议的本质和协同运作的基本流程，构建扎实的计算机网络协议基础。

　　本书可作为高职高专计算机网络相关专业教材，也可作为计算机网络工程人员和网络编程人员自学用书。

图书在版编目（ＣＩＰ）数据

　　TCP/IP 协议分析与应用 / 楼桦主编. --北京 ： 高等教育出版社，2015.8 （2021.9重印）
　　ISBN 978-7-04-042168-2

　　Ⅰ. ①T… Ⅱ. ①楼… Ⅲ. ①计算机网络－通信协议－高等职业教育－教材 Ⅳ. ①TN915.04

　　中国版本图书馆 CIP 数据核字(2015) 第 036048 号

策划编辑　侯昀佳　　　责任编辑　侯昀佳　　　封面设计　赵　阳　　　版式设计　杜微言
责任校对　杨凤玲　　　责任印制　赵　振

出版发行	高等教育出版社	咨询电话	400 – 810 – 0598
社　　址	北京市西城区德外大街4号	网　　址	http://www.hep.edu.cn
邮政编码	100120		http://www.hep.com.cn
印　　刷	天津文林印务有限公司	网上订购	http://www.landraco.com
开　　本	787mm×1092mm　1/16		http://www.landraco.com.cn
印　　张	7.75	版　　次	2015 年 8 月第 1 版
字　　数	180 千字	印　　次	2021 年 9 月第 2 次印刷
购书热线	010 – 58581118	定　　价	19.00 元

本书如有缺页、倒页、脱页等质量问题，请到所购图书销售部门联系调换
版权所有　侵权必究
物 料 号　42168-00

出版说明

　　教材是教学过程的重要载体，加强教材建设是深化职业教育教学改革的有效途径，推进人才培养模式改革的重要条件，也是推动中高职协调发展的基础性工程，对促进现代职业教育体系建设，切实提高职业教育人才培养质量具有十分重要的作用。

　　为了认真贯彻《教育部关于"十二五"职业教育教材建设的若干意见》（教职成〔2012〕9号），2012年12月，教育部职业教育与成人教育司启动了"十二五"职业教育国家规划教材（高等职业教育部分）的选题立项工作。作为全国最大的职业教育教材出版基地，我社按照"统筹规划，优化结构，锤炼精品，鼓励创新"的原则，完成了立项选题的论证遴选与申报工作。在教育部职业教育与成人教育司随后组织的选题评审中，由我社申报的1 338种选题被确定为"十二五"职业教育国家规划教材立项选题。现在，这批选题相继完成了编写工作，并由全国职业教育教材审定委员会审定通过后，陆续出版。

　　这批规划教材中，部分为修订版，其前身多为普通高等教育"十一五"国家级规划教材（高职高专）或普通高等教育"十五"国家级规划教材（高职高专），在高等职业教育教学改革进程中不断吐故纳新，在长期的教学实践中接受检验并修改完善，是"锤炼精品"的基础与传承创新的硕果；部分为新编教材，反映了近年来高职院校教学内容与课程体系改革的成果，并对接新的职业标准和新的产业需求，反映新知识、新技术、新工艺和新方法，具有鲜明的时代特色和职教特色。无论是修订版，还是新编版，我社都将发挥自身在数字化教学资源建设方面的优势，为规划教材开发配备数字化教学资源，实现教材的一体化服务。

　　这批规划教材立项之时，也是国家职业教育专业教学资源库建设项目及国家精品资源共享课建设项目深入开展之际，而专业、课程、教材之间的紧密联系，无疑为融通教改项目、整合优质资源、打造精品力作奠定了基础。我社作为国家专业教学资源库平台建设和资源运营机构及国家精品开放课程项目组织实施单位，将建设成果以系列教材的形式成功申报立项，并在审定通过后陆续推出。这两个系列的规划教材，具有作者队伍强大、教改基础深厚、示范效应显著、配套资源丰富、纸质教材与在线资源一体化设计的鲜明特点，将是职业教育信息化条件下，扩展教学手段和范围，推动教学方式方法变革的重要媒介与典型代表。

　　教学改革无止境，精品教材永追求。我社将在今后一到两年内，集中优势力量，全力以赴，出版好、推广好这批规划教材，力促优质教材进校园、精品资源进课堂，从而更好地服务于高等职业教育教学改革，更好地服务于现代职教体系建设，更好地服务于青年成才。

高等教育出版社

2014 年 7 月

出 版 说 明

前　言

随着近年来高职教育的迅速发展和理念革新,如何使计算机网络专业理论更易于学生理解,更便于学生掌握,更利于学生在实际场景中的应用,本书进行了有益的尝试。本书通过使用协议分析软件,在各个应用场景中对网络数据帧进行捕获、筛选和分析,来学习 ARP、ICMP、IP、IPSec、路由、TCP 和 HTTP 等关键协议,理解协议中对于网络安全和网络诊断具有重要意义的协议字段,并掌握 TCP/IP 协议的协同工作流程。

本书可作为高等职业学校计算机网络、计算机网络安全、计算机网络通信等相关专业理论基础课的后继课程教材,如图 1 所示,也可作为计算机网络工程人员和网络编程人员的自学参考书。

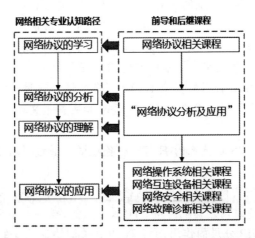

图 1　计算机网络学习的认知路径和本课程的定位

本书主要介绍了 TCP/IP 协议族包含的关键协议（包括两个安全协议）,并使用相关的软件分析工具使协议在对应的应用环境中可视化,从而针对协议进行分析和理解,掌握计算机网络协议的本质和应用场景以及协议的协同运作流程。通过本书的学习,目标是最终建立一个面向应用、可拓展、体系化的计算机网络协议知识架构。

全书共分为 8 章,章节顺序按照协议自底向上的次序进行编排,各章节的应用实践设计由简单到复杂,便于学生逐步理解和掌握。各章应用实践部分除 ARP 攻击需要特定的软件 CommView 外,其他应用实践全部采用微软公司免费软件 Microsoft Network Monitor 进行。采用知名公司的免费软件既便于教师部署实验实训环境,也可同时满足学生课后独立实验的软件要求。本书进行分析的协议及协议字段和 TCP/IP 层次的关系如图 2 所示。

第 1 章介绍了 TCP/IP 协议族和 ISO 参考模型的基本概念,描述了两个模型之间的对应关系及各个层次的主要功能。

第 2 章介绍了目前用于协议分析的主流软件,包括了两个免费软件和一个商业软件,设计并介绍了基本的网络协议分析的规范流程。

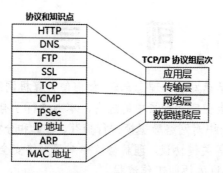

图2　本书进行分析的协议及协议字段和TCP/IP层次的关系

第3章针对一个应用环境针对 ARP 协议进行抓包和分析，同时利用特定的软件实现 ARP 攻击，探讨防范 ARP 攻击的方法。

第4章使用 Windows 操作系统的 ping 命令对 ICMP 请求和应答报文进行抓包，分析 ICMP 协议字段和 ping 返回结果的关系，并探讨 ping 命令的应用场景。

第5章建立一个 HTTP 服务的应用环境，通过抓取 TCP 包来分析 TCP 连接的建立和释放过程，同时分析捕获的 HTTP 报文，了解明文传输的安全隐患。

第6章建立一个使用 SSL 技术的安全 HTTP 服务环境，通过抓取 HTTPS 报文理解 SSL 增强的安全特性，同时可以抓获 ping 命令的 ICMP 请求和应答报文理解 SSL 技术针对特定应用的特性。

第7章建立一个使用 IPSec 技术的 HTTP 服务环境，通过抓取 IPSec 加密包来理解 IPSec 对 IP 层传输的安全性增强。

第8章构建一个典型的内网接入外网的网络环境，使用了 NAT 和静态路由，其中外网环境提供了 DNS 和 FTP 服务。通过内网访问外网 FTP 服务为例，抓取各个节点的数据包，分析 TCP/IP 协议组的协同运作和 TCP/IP 分层的作用，将 TCP/IP 关键协议构成的通信体系完全呈现。

本书第1章和第2章由楼桦编写；第3章～第8章的实验部分由李建新编写，理论部分由楼桦编写。

本书的章节安排和实验设计得到了杭州华三通信技术有限公司全球技术服务部、华为技术有限公司校企合作部和华为全球（杭州）培训中心部分专家的协助和指导。本书在写作过程中查阅了大量相关资料，收集了众多学生的学习反馈并结合了多年来的教学实践，力图保证本书内容层次清晰、结构合理，同时避免大而全的理论性描述，以符合网络行业的具体应用要求、高职高专的教学要求和学生的认知规律。

限于编者水平，在本书的选材和内容安排上难免存在不妥与错误之处，敬请读者和同行给予批评和指正。

本书主编电子邮箱地址 ccit-louhua@139.com。

编　者

2015年6月8日

目 录

1

第 1 章
ISO/OSI 参考模型和
TCP/IP 协议

TCP/IP 协议包含了一系列构成 Internet 基础的协议，其起源于 ARPANET 项目，在计算机网络发展的历史进程中通过竞争战胜了其他一些网络协议的方案，包括后来推出的 OSI/ISO 参考模型。目前 TCP/IP 协议族是发展至今最成功的网络通信协议，已经成为计算机网络事实上的国际标准，并被用于构筑当今最大的开放式网络互联系统——Internet。该协议族由 4 层构成，TCP/IP 层次如图 1-1 所示。

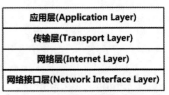

| 应用层(Application Layer) |
| 传输层(Transport Layer) |
| 网络层(Internet Layer) |
| 网络接口层(Network Interface Layer) |

图 1-1　TCP/IP 协议层次

TCP/IP 包含了大量的相关协议，其名称来源于其中两个最重要的协议：传输控制协议（TCP）和 Internet 协议（IP），它们也是最先定义的两个协议。要想更好地理解 TCP/IP 协议层次，应先了解和掌握 ISO/OSI 参考模型。ISO/OSI 参考模型仅仅是一个通信协议的层次化抽象参考模型。该模型将计算机网络通信模型分为 7 个层次，定义了每一层执行的特定任务。相邻层次互相协同，进行通信的两个通信节点在相同层次上互相通信。利用该模型能够很好地理解分层的优势和对等层通信的概念。TCP/IP 协议层次与 ISO/OSI 参考模型的对应关系如图 1-2 所示。

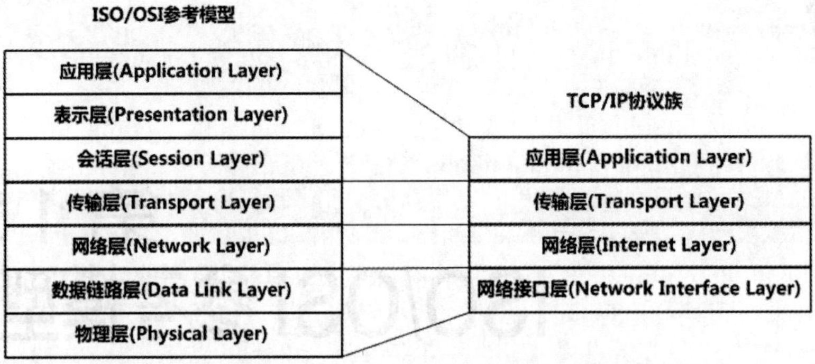

图 1-2　TCP/IP 协议族与 ISO/OSI 参考模型的对应关系

1.1　ISO/OSI 参考模型

ISO/OSI 参考模型将整个网络通信的功能划分为 7 个层次，它们由低到高分别是物理层（PH）、链路层（DL）、网络层（N）、传输层（T）、会议层（S）、表示层（P）和应用层（A）。每层完成一定的功能，每层都直接为其上层提供服务，并且所有层次都互相支持，如图 1-3 所示。

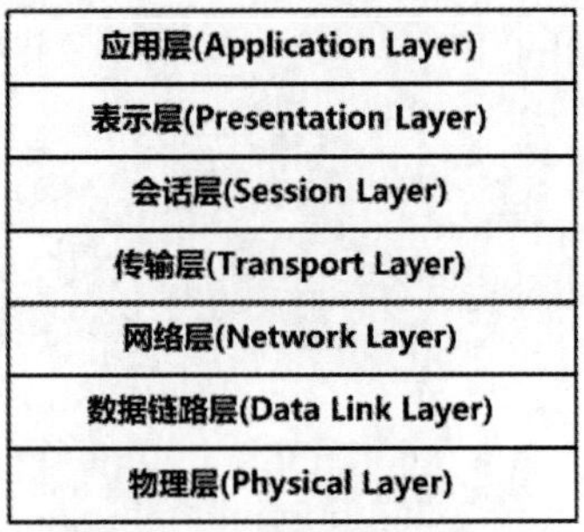

图 1-3　ISO/OSI 参考模型

第 4 层～第 7 层主要负责互操作性，而第 1 层～第 3 层则用于创造两个网络设备间的物理连接。各层完成的主要功能如下。

1. 物理层（Physical Layer）

物理层涉及通信双方在信道上传输的原始二进制比特流，它的任务就是为上层（数据链路层）提供一个物理连接，以便在相邻节点之间无差错地传送二进制位流。设计上必须保证通信的一方发出"1"时，通信的另一方接收到的是"1"而不是"0"。在物理层，设计的问题主要是处理机械的、电气的和过程的接口，以及物理层下的物理传输介质等。该层传输的数据单位是"位"（bit）。

有一点应该注意的是，传送二进制位流的传输介质，如双绞线、同轴电缆以及光纤等并不属于物理层要考虑的问题。实际上传输介质并不在 OSI 的 7 个层次之内。

2. 数据链路层（Data Link Layer）

数据链路层的主要任务是，两个相邻节点之间无差错地传送以"帧"（frame）为单位的数据。每一帧包括一定数量的数据和若干控制信息，数据链路的任务首先要负责建立、维持和释放数据链路的连接。在传送数据时，如果接收节点发现数据有错，要通知发送方重发这一帧，直到这一帧正确无误地送到为止。这样，数据链路层就把一条可能出错的链路转变成让网络层看起来就像是一条不出错的理想链路。由于物理层仅仅接收和传送比特流，并不关心其意义和结构，只能依赖各链路层来产生和识别帧边界。

3. 网络层（Network Layer）

网络层的主要功能是为处在不同网络系统中的两个节点设备通信提供一条逻辑通路，确定从信源机（源节点）沿着网络到信宿机（目的节点）的路由选择。网络层将传输层提供的数据封装成数据包，封装中含有网络层包头，其中包括源站点和目的站点的逻辑地址信息，其基本任务包括路由选择、拥塞控制与网络互联等功能。在网络层，数据的单位为"包"（packet）。

4. 传输层（Transport Layer）

传输层是真正的从源到目标的"端到端（end-to-end）"层，提供通信双方端到端的透明、可靠的数据传输服务，也就是说，源端机上的程序，利用传输层报文头和控制报文与目标机上的类似程序进行对话。主要功能包括连接的建立、维护和中断、传输差错校验和恢复以及通信流量控制机制等。传输层是 OSI 参考模型中极其重要和关键的一层，是唯一负责总体数据传输和控制的一层。该层的数据单位为"报文"或"数据段"（segment）。

5. 会话层（Session Layer）

会话层负责通信的双方在正式开始传输前的准备工作，目的在于建立传输时所遵循的规则，使传输更顺畅、更有效率。完成的主要任务包括：使用全双工模式或半双工模式，如何发起传输，如何结束传输，如何设置传输参数。但是会话层不参与具体的传输，它只提供包括访问验证和会话管理在内的建立和维护应用之间通信的机制。

6. 表示层（Presentation Layer）

表示层处理两个应用实体之间进行数据交换的语法问题，解决数据交换中存在的数据格式不一致以及数据表示方法不同等问题。例如，某种格式图像的显示。数据加密与解密、数据压缩与恢复等都是表示层提供的服务。

7. 应用层（Application Layer）

应用层是 OSI 参考模型中最靠近用户的一层，应用层为操作系统或网络应用程序提供访问网络服务的接口。应用层是直接面向用户的一层，用户的通信内容要由应用进程（或应用程序）来发送或接收。这就需要应用层采用不同的应用协议来解决不同类型的网络应用需求，并且保证这些不同类型的应用所采用的底层通信协议是相同的，它直接提供文件传输、电子邮件、网页浏览等服务给用户。

OSI 参考模型本身不是网络体系结构的全部内容，这是因为它并未确切地描述用于各层的协议和服务，它仅仅告诉人们每一层应该做什么，因此它仅仅是一种网络参考模型。

按照 OSI 参考模型，网络中各节点都有相同的层次，不同节点的同等层次具有相同的功能，同一节点内相邻层之间通过接口通信；每一层可以使用下层提供的服务，并向其上层提供服务；不同节点的同等层按照协议实现对等层之间的通信（虚拟通信）。其特点可以概括为：

① 同一层中的各网络节点都有相同的层次结构，具有同样的功能。

② 不同节点的对等层之间进行通信（虚拟通信）。

③ 同一节点的相邻层之间通过接口通信。

④ 下层为上层服务。

两个节点间的通信模型如图 1-4 所示。

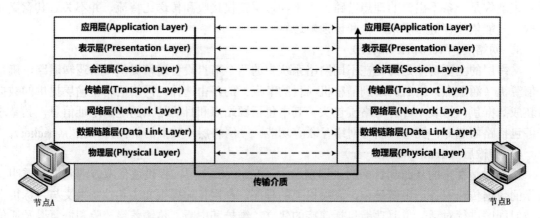

图 1-4　ISO/OSI 节点间通信模型

1.2　TCP/IP 参考模型

TCP/IP 参考模型分为 4 个层次：网络接口层、网络层、传输层、应用层。TCP/IP 每层也有其特定的功能，与 ISO/OSI 对应层次的功能类似，因为是事实上的工业标准，其使用的协议和功能更为具体，也更为简洁。TCP/IP 各层的主要功能如下。

① 网络接口层，主要分为物理层和数据链路层。

物理层定义了传输信号使用物理介质的各种特性，包括机械特性、电子特性、功能特性和规程特性。

数据链路层负责接收网络层的 IP 数据包并封装成帧通过网络传输介质进行发送，或者从网络上接收物理帧，判定接收的二层地址并抽取 IP 数据包交由网络层进行处理。协议分析软件或者硬件设备通过捕获相应网络接口上的数据帧来将各层的协议逐层"打开"进行分析和统计。

网络接口层的重要地址是媒介访问控制地址（MAC，Meida Access Control address），该地址是一个 48 位的二进制数。

② 网络层，主要负责网络节点间的通信。网络层的目的是使两个端系统之间的数据"透明"地传输。这一层的主要功能是：处理来自传输层的分组发送请求，收到请求后将分组填入 IP 数据包，选择合适的下一跳并将数据包送往数据链路层进行处理；处理来自数据链路层的数据包，如果是终端设备，则检查合法性后去掉包头交由传输层进行处理，如果是互连设备则查找合适的路径转发该数据包。

网络层路径选择功能提供了网络节点间多路径传输，同时提供了流量控制和拥塞控制的功能。此外，网络层还提供了用于管理和诊断网络的因特网控制报文协议（ICMP，Internet Control Message Protocol），用于结合三层地址和二层地址的地址解析协议（ARP，Address Resolution Protocol）等重要协议。

网络层的重要地址是 IP 地址，该地址是一个 32 位的二进制数，通过子网掩码分为网络号和主机号两个部分。

③ 传输层，利用网络层递交的报文，并通过传输层地址提供给应用层传输数据的通信端口，应用层通过传输层进行通信"看到"的是两个传输实体间的一条端到端的可靠数据链路。传输层为两个端到端的通信提供可靠的传输服务，在单一的物理连接上实现连接的复用，并提供端到端的通信流量控制、差错控制。传输层提供了两种服务：面向连接的服务 TCP 和面向非连接的服务 UDP。

传输层的重要地址是端口号（Port Number），该地址是一个 16 位的二进制数，其中 0~1 023 端口号称为众所周知的端口（Well-Known Port）。

④ 应用层，向上为用户提供网络应用程序，向下与传输层进行通信。人们熟知的超文本传输协议（HTTP，Hyper Text Transport Protocol）、域名系统（DNS，Domain Name System）和文件传输协议（FTP，File Transfer Protocol）都是该层的协议，不同的协议使用不同的传输层端口进行通信，为用户提供不同的应用。

本章总结

尽管 OSI 参考模型得到了全世界的认同，但是因特网历史上和技术上的开发标准都是 TCP/IP 模型。TCP/IP 起源于 20 世纪 60 年代末美国政府资助的一个网络分组交换研究项目，TCP/IP 是发展至今最成功的通信协议，它被用于当今所构筑的最大的开放式网络系统 Internet 之上。两种协议都采用的分层的思想来设计。

2

第 2 章
网络协议分析工具简介

　　TCP/IP 协议族采用的是分层设计的通信模型，分层意味着每层完成了相对独立的功能，这不仅意味着相邻各层之间的协同工作，还意味着两个通信实体间的对等层进行通信。网络协议分析就是使用一个软件或者硬件设备捕获（也称为嗅探、抓包）网络通信过程中的协议比特流（数据帧），通过分析协议的头部和尾部信息来诊断、修复和理解通信网络，因为能够捕获协议比特流，所以网络协议分析还能够窃取网络信息，此外还能将捕获的协议数据进行编辑和重新发送来侦测或攻击网络。网络协议分析使用的软件或者硬件设备称为网络协议分析工具（也称为网络嗅探器或者数据包分析器）。本章介绍的网络协议分析工具均为软件，网络协议分析工具一般都具有以下基本功能。

　　① 捕获网络物理接口接收和发送的协议的数据帧。

　　② 捕获数据包包含头部（或者尾部）的地址或控制信息的 ASC 码显示。

　　③ 捕获数据包的存储、分类检索和过滤。

　　无论使用何种网络协议分析工具，都是为了特定的分析目标展开的，都要经过一定的流程去达到分析的目的，得到需要的结论。通常进行网络协议分析都是伴随着网络安全、带宽拥塞或网络性能校调等特定的排错和诊断目的进行的，一般情况下，网络协议分析遵循如图 2-1 所示的流程。

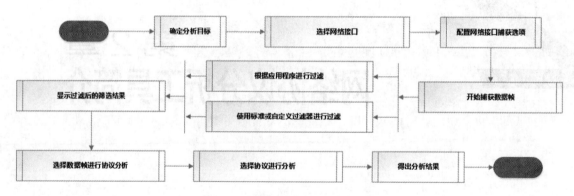

图 2-1　基本的网络协议分析流程

　　网络协议分析工具有很多厂商开发出了很多相应的产品，本章选取了有代表性的三个软件协议分析工具进行介绍。其中重点介绍了 Microsoft Network Monitor 数据包分析工具，本书大部分实验都是使用 Microsoft Network Monitor 完成的。

2.1　Microsoft Network Monitor

　　Microsoft Network Monitor 是微软公司的协议分析工具软件，随着软件的版本提升，Microsoft Network Monitor 逐渐成为协议分析工具软件中的后起之秀，因为其对 Windows 系列操作系统广泛的支持性、完全免费及其短小精悍的特点而成为一个极具特色的协议分析工具，目前的软件版本为 3.4，其特色功能如下。

　　① 支持无线 IEEE 802.11 的捕获和监视模式，可选择特定的无线局域网协议和信道。

② 可以捕获 VPN 信道数据。

③ 便捷的在线升级，强大的内置标准过滤器。

④ 多项功用性分析器以及面向开发人员使用的协议语法功能。

⑤ 对 32 位和 64 位 Windows 系列操作系统的全面支持。

⑥ 短小精悍，完全免费。

2.1.1 软件的启动界面

Microsoft Network Monitor 3.4 有 32 位和 64 位两种版本，对应 Windows 的 32 位操作系统和 64 位操作系统进行安装。图 2-2 是 Microsoft Network Monitor 3.4 在 Windows 8 的 64 位专业版上安装后的启动界面。

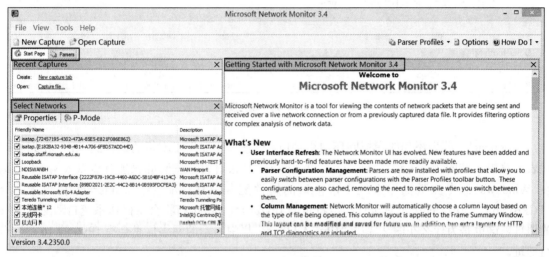

图 2-2　Microsoft Network Monitor 3.4 在 Windows 8 专业版的启动界面

启动界面上除了常见的菜单栏和工具栏，整个界面分为三个面板（图 2-2 中采用黑框实线标注了三个部分的显示标题）。

左上角为两个选项卡，默认显示选项卡为（Start Page）【开始】选项卡，该选项卡显示了最近进行的 Resent Captures（抓包），在该选项卡可以打开进行 New capture tab（新抓包操作的界面）或者打开以往进行抓包操作存储的数据包文件（Capture file...）。另一个选项卡【Parsers】（语法分析器）则显示了该软件包含的支持各种网络协议的语法，该选项卡显示的内容主要面向开发人员。

左下角为抓包操作提供的安装该软件的计算机可以选择的网络（Select Networks）列表和基本的网络信息，如图 2-3 所示。

该界面显示了计算机安装的所有网络接口，包括物理网络接口和虚拟网络接口。本书讲解其中最常用的三个接口名称（Frienclly）Loopback、无线网卡和以太网卡，图 2-3 中已用下画线分别标出其接口名称。这三个名称是在控制面板中的网络连接选项中通过重命名给网络连接起的名字（不同的计算机或不同的重命名会显示不同的网络接口名称），如图 2-4 所示。

Friendly Name	Description	IPv4 Address	IPv6 Address	Hardware Address	P..	Media..	State
☑ isatap.{72457195-4302-473A-85E5-E821F086E862}	Microsoft ISATAP Adapter #2	None	fe80::200:5efe:192.192.192.192%19	00-00-00-00-00-00		Tunnel	Bound
☑ isatap.{E182BA32-9348-4B14-A706-6FBD57ADD44D}	Microsoft ISATAP Adapter #4	None	fe80::200:5efe:169.254.15.196%23	00-00-00-00-00-00		Tunnel	Bound
☐ isatap.staff.monash.edu.au	Microsoft ISATAP Adapter #3	None	fe80::200:5efe:49.127.64.253%22	00-00-00-00-00-00		Tunnel	Bound
☑ Loopback	Microsoft KM-TEST 环回适配器	192.192.192.192	fe80::744d:ff2b:2d27:b5c4%21	02-00-4C-4F-4F-50		Ethernet	Bound
☐ NDISWANBH	WAN Miniport	None	None	4A-60-20-52-41-53		PPP	Bound
☐ Reusable ISATAP Interface {2222F878-19C8-4460-...	Microsoft ISATAP Adapter #5	None	None	00-00-00-00-00-00		Tunnel	Bound
☐ Reusable ISATAP Interface {89BD2021-2E2C-44C2...	Microsoft ISATAP Adapter	None	None	00-00-00-00-00-00		Tunnel	Bound
☐ Reusable Microsoft 6To4 Adapter	Microsoft 6to4 Adapter	None	None	00-00-00-00-00-00		Tunnel	Bound
☑ Teredo Tunneling Pseudo-Interface	Teredo Tunneling Pseudo-Interface	None	fe80::100:7f:fffe%17	00-00-00-00-00-00		Tunnel	Bound
☑ 本地连接* 12	Microsoft 托管网络虚拟适配器	None	fe80::2406:1988:5da2:aa7f%24	C4-85-08-E4-16-CE		Wifi	Bound
☑ 无线网卡	Intel(R) Centrino(R) Advanced-N 6235	49.127.64.253	fe80::ec47:1e4e:e120:abc5%13	C4-85-08-E4-16-CD		Wifi	Bound
☑ 以太网卡	Realtek PCIe GBE 系列控制器	169.254.15.196	2001:388:608c:4c52:8054:ccfa:68ad:...	54-53-ED-1C-54-1F		Ethernet	Bound

图 2-3　网络选择面板

名称	状态	设备名	连接性	网络类别	所有者	类型
🅱 Bluetooth 网络连接	未连接	Bluetooth 设备(个人区域网)			系统	个人区域网
📶 Loopback	未识别的网络	Microsoft KM-TEST 环回适配器	无法连接到网络	公用网络	系统	LAN 或高速 Internet
📶 无线网卡	eduroam	Intel(R) Centrino(R) Advanced-N 6235	Internet 访问	公用网络	系统	LAN 或高速 Internet
📶 以太网卡	网络	Realtek PCIe GBE 系列控制器	Internet 访问	公用网络	系统	LAN 或高速 Internet

图 2-4　Window 8 网络连接显示面板

"Loopback"代表添加的虚拟回环网络接口，该接口主要用于本机的协议测试；"无线网卡"代表计算机安装的物理无线局域网卡；"以太网卡"代表计算机安装的物理有线以太网卡。因为在 Windows 8 专业版操作系统中，接口的属性配置中默认配置了"Internet 协议版本 6（TCP/IPv6）"选项，如果没有进行指定特定的 IPv6 地址，该接口将会由操作系统自动配置 IPv6 的地址，这也是为什么在图 2-3 中"IPv6 Address"栏中显示的网络信息会有 IPv6 的 16 进制分组地址。

2.1.2　对要进行数据包捕获的网络进行配置

双击图 2-3 中的"以太网卡"或者选中"以太网卡"并单击【Properties】（属性）选项都会打开如图 2-5 所示的以太网网络接口的配置界面。

该界面除了显示以太网络接口的配置参数以外，还有一个"P-Mode"选项可以进行配置。P-Mode 就是网络侦听和嗅探中经常提及网络接口的"混杂模式"。在该模式下配置的网络接口会抓取所有收到的数据帧进行处理和显示，而不管该数据单元的目的地址是否和本机地址匹配。在共享式以太网中，"混杂模式"的网卡能捕获几乎整个网络的通信流，是一个非常强大的模式；但是在交换式以太网中，因为交换机通过 MAC 和端口映射表，对要进行发送的网络通信流进行了"通信过滤"，在这个通信场景中，即使配置

图 2-5　以太网网络接口的配置界面

为"混杂模式"的网络接口捕获的也只能是经过交换机过滤后的数据包。但如果交换机做了端口镜像，配置"混杂模式"的网络接口连接在启用交换机镜像端口上，就能像在共享式以太网的应用场景中一样具备强大的捕获能力。

双击"无线网卡"或者选中"无线网卡"并单击 Properties（属性）选项卡都会打开如图 2-6（a）所示的无线局域网接口的配置界面，单击 Scanning Options（扫描选项）按钮，打开如图 2-6（b）的无线局域网络接口扫描选项界面。

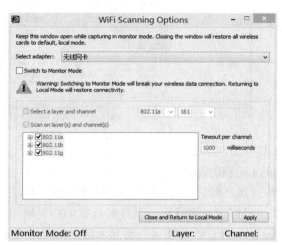

（a）无线局域网网络接口配置界面　　　　　　（b）无线局域网网络接口选项界面

图 2-6　无线局域网属性配置界面

图 2-6（b）中的 Monitor Mode（监视模式）是一个强大的无线局域网侦听模式，该模式会将无线局域网卡从所连接的无线中继设备（AP 或无线路由器）断开，并开始捕获 IEEE 802.11a、IEEE 802.11b、IEEE 802.11g（不同的无线网卡支持的无线局域网协议会有差异）在各个信道（Channel）上的通信数据，而且可以选择特定的无线局域网协议（Layer）和特定的信道进行侦听。一旦选择了监视模式，图 2-6（b）配置窗口必须保持打开状态，捕获完成后单击 Close and Return to Local Mode（关闭并回到局域模式）按钮，无线局域网卡会继续连接无线中继设备，接入相应的无线网络。在 Local Mode（局域模式）下，主要捕获的是无线局域网网络接口和所连接的中继设备之间的通信数据流，而在监视模式捕获的是所有的无线局域网通信数据包。需要注意的是监视模式仅支持 Windows Vista、Windows 7、Windows 8 和 Windows 2008 版本的操作系统。

2.1.3　捕获数据包的结果界面

当开始抓取网络接口数据包一段时间以后，捕获数据包的界面会如图 2-7 所示，该界面是 Microsoft Network Monitor 的核心界面，其提供了捕获数据包的显示、过滤、选择和分析统计功能。

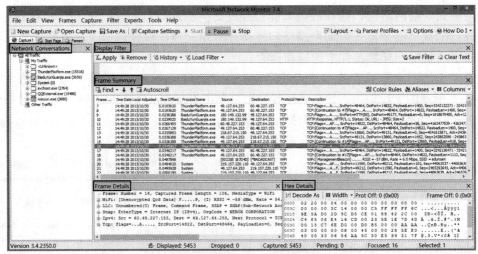

图 2-7　开启无线网卡捕获数据后的界面

该界面在 Network Conversations（网络会话）面板显示了根据应用程序被 Microsoft Network Monitor 捕获的通信数据包分类和汇总，因为不同的计算机会在侦听开始以后有不同的网络应用程序进行网络通信，因此网络会话面板会有不同的应用程序列表显示和统计，图 2-7 网络会话面板中可以识别出腾讯、百度和迅雷的相关网络应用程序会话。选择相应的应用程序，Frame Summary（帧的汇总面板）会显示选中的应用程序被捕获到的所有网络通信数据帧。

Display Filter（显示过滤）面板提供了强大的过滤功能，除了软件提供的大量内置的过滤器，用户也可以自己编写自定义的过滤器。运用过滤器，可以捕获或者显示满足符合过滤条件的数据帧，从而可以对特定的协议、目标、地址等特定属性进行分析和诊断。图 2-8 显示了标准的内置过滤器类型，利用这些内置的过滤器，不用学习过滤器编写语法也能根据提供的标准过滤器组合出强大的过滤器。

Frame Summary（帧的汇总）显示面板显示了符合过滤条件（如果选中相应的应用程序，会显示即符合应用程序，又符合过滤条件）的数据帧的基本信息。

当需要对特定的某一个数据帧进行分析时，Frame Details（帧的详细）显示面板显示汇总面板中被选中的一个数据帧的具体信息，在该面板中，一个数据帧将按照协议和协议字段名来进行细化显示。

图 2-8　Microsoft Network Monitor 内置的标准过滤器类型

图 2-7 选择了无线局域网网络接口捕获的 TCP 数据进行细化显示，由上到下的协议显示层次对应了 TCP/IP 协议由下自上的层次：WiFi→LLC→SNAP→IPv4→TCP，对应了网络接口层→网络层→传输层。

Hex Details（十六进制详细）显示面板显示在帧的详细显示面板选中的相应协议或者协议字段的十六进制显示。

2.1.4　捕获和分析的基本流程

将 Microsoft Network Monitor 相应的功能与网络协议分析流程结合到一起，就有了针对于

Microsoft Network Monitor 的网络协议分析流程，如图 2-9 所示。

图 2-9　使用 Microsoft Network Monitor 的网络协议分析流程

2.2　TamoSoft CommView

　　TamoSoft 公司的 CommView 是一款强大的商业协议分析工具集，该工具集提供的不同软件能够在不同的应用场景完成协议分析功能。目前 CommView 协议分析软件版本为 6.5，针对无线的 CommView for WiFi 版本为 7.0，其特色功能如下。

　　① 包含了针对 VoIP 的分析器，可针对 SIP 和 H.232 语音通信进行录制和回放。

　　② 借助代理工具 CommView Remote Agent，CommView 可以捕获任何运行代理软件的计算机产生的网络流量，无需考虑该计算机的物理位置的特点使 CommView 不仅仅局限于适用于局域网的分析环境。

　　③ 可以针对捕获的数据帧进行编辑和重发。

　　④ 可以生成实时快速的网络流量报告。

　　⑤ 强大的字符串和十六进制过滤、筛选和查找功能。

　　⑥ 可以配置针对异常地址、高带宽占用、可疑数据包等网络事件的报警机制。

　　⑦ 支持导入和导出多个厂商的数据分析器存储文件格式。

2.3　Wireshark

　　Wireshark 是一个具有悠久历史的老牌免费协议分析工具，其前身就是 Ethereal，它是目前国际上使用最广泛的网络数据包分析工具之一，同时也是一个可以免费获取代码的开源软件，该软件于 1998 年发布第 1 个版本，迄今已有 15 年的历史，2006 年 Etheral 因为商标问题更名为 Wireshark。

　　Wireshark 最大的特点就是其开源和跨平台，开源使用户可以修改其相应代码改进和定制网络协议分析工具，跨平台使 Wireshark 可以在微软公司的 Windows 操作系统（32 位及 64 位）、苹果公司的 OS（32 位及 64 位）操作系统和 UNIX 操作系统下完成数据分析任务。

本章总结

　　网络协议分析软件可以帮助网络管理员捕获、交互式浏览网络中传输的数据包和分析数据包信息等。选择好的协议分析工具是进行网络数据捕获和分析的前提。

3

第 3 章
ARP 协议分析

尽管人们使用 IP 地址作为设备的逻辑地址来识别设备，并使用 IP 地址进行路由选择，但实际上在广泛使用的以太网中进行数据帧投递，是以固化在硬件设备上的 MAC（Media Access Control）地址作为目标地址来投递的，该地址就是以太网网络接口的物理地址。ARP 就是完成将三层的 IP 地址与二层的 MAC 地址建立映射关系的协议。

3.1　MAC 地址和 IP 地址建立映射要解决的问题

IP 地址是一个用户可以配置的地址，也称为可管理地址、逻辑地址，它是一个 32 位的二进制数（使用点分十进制数表达），该地址和一个 32 位子网掩码通过"与"运算将地址分为网络号和主机号两个部分；MAC 地址是一个固化在硬件设备上的地址，也称为不可管理地址或物理地址，是一个 48 位的二进制数（使用 12 个十六进制数表达）。将一个逻辑地址和一个物理地址建立映射关系，需要解决以下主要问题。

① 通过什么通信机制去查找目标 IP 地址对应的 MAC 地址，如轮询还是广播。
② 建立的映射关系如何存储，如集中式存储还是分布式存储。
③ 如何将查找的过程尽量避免，减少网络带宽的消耗。

3.2　ARP 的层次和应用

ARP 协议全称是地址解析协议（Address Resolution Protocol），位于网络层，是将 IP 地址映射到以太网物理地址的一种映射方法，该方法充分利用了以太网强大的广播能力。

以太网节点在传送数据帧时，将本节点的 48 位二进制 MAC 地址作为帧的源地址放入帧中，将目标节点的 48 位二进制 MAC 地址作为帧的目标地址放入帧中。在共享式以太网中，除发送节点以外的所有节点都会收到该数据帧，收到该数据帧的节点通过查看帧中封装的目标 MAC 地址来决定该数据帧是否是发给本节点的；在交换式以太网中，交换机在完成"地址学习"以后，只会将物理地址是以太网广播地址（FF-FF-FF-FF-FF-FF）或与交换机端口匹配的目标物理地址转发到相应的端口；路由器不会转发目标地址为以太网广播地址的帧。

在 Internet 中，IP 地址能够屏蔽各个物理网络地址的差异，为上层用户提供统一的地址形式，这种统一是通过在物理地址上覆盖一层 IP 软件实现的，Internet 并不对物理地址做任何修改。高层软件通过 IP 地址来指定源地址和目的地址，而低层的物理网络通过物理地址发送和接收信息。

3.2.1　ARP 的流程说明

① 在目标节点 IP 地址和目标节点 MAC 没有建立映射关系之前，发送节点只知道本节点的 IP 地址和 MAC 地址以及目标节点的 IP 地址。MAC 地址有一个特殊的广播地址（FF-FF-FF-FF-FF-FF），即目标 MAC 地址的 48 位二进制全为 1 时以太网上的所有节点都可以收到该数据帧。ARP 请求（ARP Request）就是利用这个以太网广播地址对所有以太网节点进

行"询问"。

② 以太网上的节点在收到 ARP 请求后，针对请求中包含的目标 IP 地址进行比对，如果 ARP 请求"询问"的目标 IP 地址是接收节点的 IP 地址，接收节点将把本节点的 IP 地址和 MAC 地址映射关系生成 ARP 响应（ARP Reply）传输给发送 ARP 请求的节点。

③ 节点在收到 ARP 响应后，将解析出的 IP 地址和 MAC 地址映射关系放入 ARP 缓存（ARP Cache），这样下次再向该 IP 地址发送数据的时候就可以避免再次发送广播进行 ARP 请求。

ARP 解析有效地利用了以太网的广播机制和以太网广播地址进行请求的发送，这种广播基于以太网的广播地址而不是 CSMA/CD 中的"侦听"，这一点决定了 ARP 解析不仅在共享式以太网中可以成功实现，而且在交换式以太网中也可以成功实现。同时使用 ARP 缓存对成功解析到的 IP 地址和 MAC 地址映射关系进行存储，有效地避免了向同一个目标节点发送数据时再次进行解析的问题。ARP 缓存中的过期时间（一般是 15～20min）能有效地解决数据老化的问题，也使 ARP 缓存中的 IP 地址和 MAC 地址映射表不会太庞大。

由于 ARP 请求的数据链路层目标地址是以太网广播地址，因此以太网中的所有主机都会收到源主机的 IP 地址与 MAC 地址的映射关系。也就是说，以太网上的所有主机都可以将发送 ARP 请求的主机 IP 地址和 MAC 地址映射关系存入各自的 ARP 缓存中。利用这种 ARP 改进技术，以太网上的主机下次再与发送 ARP 请求的主机进行通信时，就不必再进行 ARP 请求了，只需要查找本机的 ARP 缓存便可以成功解析。

3.2.2 标准 ARP 地址解析过程

图 3-1 示出了一个标准的 ARP 解析过程，在以太网环境中，主机 A 需要得到主机 B 的 IP 地址和 MAC 地址映射关系才能进行数据通信，主机 A 将在以太网环境中完成整个 ARP 解析过程。

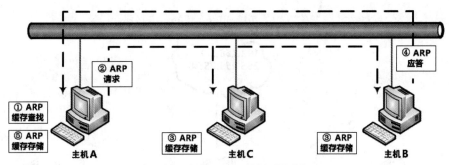

图 3-1　标准 ARP 地址解析过程

① 在以太网环境下，主机 A 要与主机 B 进行通信，不仅要知道主机 B 的 IP 地址，还要知道主机 B 的 MAC 地址。主机 A 查找本机 ARP 缓存中的 IP 地址和 MAC 地址映射表，寻找是否有主机 B 的 IP 地址和 MAC 地址映射关系，如果有则直接与主机 B 进行通信，如果没有则执行 ARP 请求。如图 3-1 所示的环境中主机 A 不知道主机 B 的 IP 地址和 MAC 地址映射关系，必须构造 ARP 请求。

② 主机 A 构造针对主机 B 的 ARP 请求，并在以太网上进行发送。该请求的源 IP 地址为

主机 A 的 IP 地址，源 MAC 地址为主机 A 的 MAC 地址，目标 IP 地址为主机 B 的 IP 地址，目标 MAC 地址为以太网广播地址（FF-FF-FF-FF-FF-FF）。

③ 主机 B 和主机 C 都收到了 ARP 请求，ARP 请求中含有主机 A 的 IP 地址和 MAC 地址映射关系，主机 B 和主机 C 将主机 A 的 IP 地址和 MAC 地址映射关系存入各自的 ARP 缓存。这样下次主机 B 和主机 C 再与主机 A 进行通信的时候只要查找 ARP 缓存就可以取出主机 A 的 IP 地址和 MAC 地址映射关系。

④ ARP 请求中的目标地址是主机 B，因此主机 B 会构造 ARP 应答返回给主机 A。

⑤ 主机 A 收到 ARP 应答后，将主机 B 的 IP 地址和 MAC 地址映射关系存储到 ARP 缓存，然后与主机 B 进行需要执行的通信过程。

ARP 解析过程通过收到请求就存入 ARP 缓存以及发送前就查找 ARP 缓存的方法，有效地减少了以太网中广播数据帧的数量，节约了有限的带宽。但也由于 ARP 请求就会存入 ARP 缓存的特性也使 ARP 在具体实现过程中遇到了巨大的安全隐患。

3.3　应用案例分析

通过捕获 ARP 数据包，分析理解 ARP 的运行机制，修改 ARP 广播报文，实现 ARP 攻击，进而形象化地理解 ARP 攻击的原理，理解 ARP 攻击的不可防范性。

3.3.1　案例拓扑和配置参数

使用 3 台 Windows 7 虚拟机构建局域网，其网络拓扑结构如图 3-2 所示。其 TCP/IP 协议详细参数配置见表 3-1。

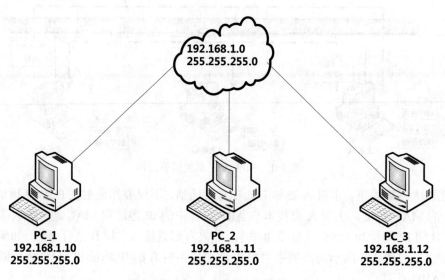

图 3-2　ARP 协议分析网络拓扑结构

表 3-1　ARP 协议分析详细参数配置表

设备名称	IP 地址	子网掩码	MAC 地址
PC_1	192.168.1.10	255.255.255.0	00-0C-29-BD-FA-72
PC_2	192.168.1.11	255.255.255.0	00-0C-29-31-2A-B1
PC_3	192.168.1.12	255.255.255.0	00-0C-29-F5-26-25

3.3.2 ARP 协议的配置

① 依据网络拓扑图在各设备上配置相应的 IP 地址，打开【开始】|【所有程序】|【附件】|【命令提示符】，在命令提示符中使用 ping 命令测试 PC_1、PC_2 和 PC_3 之间的连通性，确保 PC_1、PC_2 和 PC_3 相互都能 ping 通。在 PC_2 上使用 ping 命令测试 PC_2 与 PC_3 之间的连通性，如图 3-3 所示。

② 在 PC_1、PC_2 和 PC_3 的命令行中输入"arp-a"命令，用于显示 ARP 的缓存项，输入"arp -d"命令，用于清除 ARP 缓存，再输入"arp-a"命令，查看 ARP 缓存是否清除成功，如图 3-4 所示。

图 3-3　测试 PC_2 与 PC_3 之间的连通性

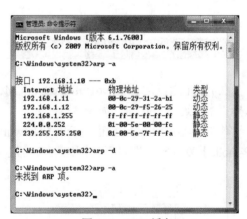

图 3-4　ARP 缓存

ARP 命令可以使能够查看本地计算机或另一台计算机的 ARP 高速缓存中的当前内容。此外，使用 ARP 命令，也可以用人工方式输入静态的网卡物理地址/IP 地址对应关系，用户可能会使用这种方式为默认网关和本地服务器等常用主机进行操作，有助于减少网络上的信息量。按照默认设置，ARP 高速缓存中的项目是动态的，每当发送一个指定地点的数据报且高速缓存中不存在当前项目时，ARP 便会自动添加该项目。一旦高速缓存的项目被输入，它们就已经开始走向失效状态。例如，在 Windows NT/2000 网络中，如果输入项目后不进一步使用，物理地址/IP 地址对应关系就会在 2~10min 内失效。关于 ARP 命令的常用选项及用途见表 3-2。

表 3-2 ARP 命令选项表

序号	选项	用途
1	arp-a	用于查看高速缓存中的所有项目
2	arp-a IP	如果有多个网卡,那么使用 arp-a 加上接口的 IP 地址,就可以只显示与该接口相关的 ARP 缓存项目
3	arp-s IP 物理地址	向 ARP 高速缓存中人工输入一个静态项目。该项目在计算机引导过程中将保持有效状态,或者在出现错误时,人工配置的物理地址将自动更新该项目
4	arp-d IP	使用本命令能够人工删除一个静态项目

在本例中,缓存项指出位于 192.168.1.12 的远程主机解析成 00-0c-29-f5-26-25 的媒体访问控制地址,它是在远程计算机的网卡硬件中分配的。媒体访问控制地址是计算机用于与网络上远程 TCP/IP 主机物理通信的地址。

3.4 使用 Microsoft Network Monitor 分析 ARP 数据帧

3.4.1 协议分析软件的配置

在 PC_1 上,运行 Microsoft Network Monitor 软件,在左下角的【Select Networks】列表中选择"本地连接"接口,如图 3-5 所示。

单击【Properties】按钮,打开【Network Interface Configuration】网络接口配置窗口,选择【P-mode】复选框,即设置该网络接口为混杂模式,单击【OK】按钮,如图 3-6 所示。

图 3-5 选择网络接口

图 3-6 设置网络接口为混杂模式

3.4.2 协议数据包的捕获

① 单击工具栏上的【New Capture】按钮,打开【Capture1】选项窗口,单击工具栏上的

【Start】按钮抓取网络数据包，在【Frame Summary】中可以看到被捕获到的所有网络通信数据帧，如图 3-7 所示。

② 在 PC_3 上的命令行中输入 "ping 192.168.1.11"，测试与 PC_2 的连通性，如图 3-8 所示。

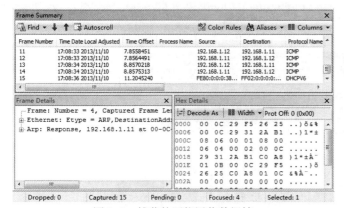

图 3-7　捕获的网络通信数据帧

图 3-8　使用 ping 命令测试连通性

③ 由于捕获到的数据帧内容较多，而用户只关心与 ARP 有关的数据帧，因此还需要通过过滤器对这些捕获的数据进行筛选。单击【Load Filter】按钮，选择【Standard Filters】|【Addresses】|【EthernetAddr】菜单命令，如图 3-9 所示。

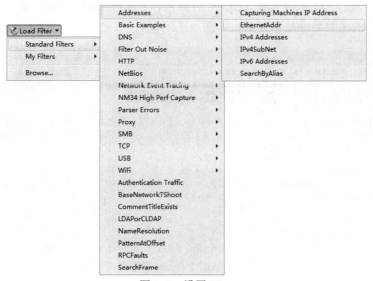

图 3-9　设置 Filter

将打开的【Display Filter】窗口中 "EthernetAddr" 的值修改为 "00-0c-29-f5-26-25"，单击【Apply】按钮，对捕获的数据包进行显示过滤，如图 3-10 所示。

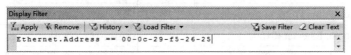

图 3-10　设置 Filter 参数

④ 经过筛选后，在【Frame Summary】窗口中显示出与 PC_3 有关的数据帧，根据 "Source"、"Destination"、"Protocol Name" 及 "Description" 列找出由 PC_3 发往 PC_2 的 ARP Request 数据帧和由 PC_2 发往 PC_3 的 ARP Response 数据帧，如图 3-11 所示。

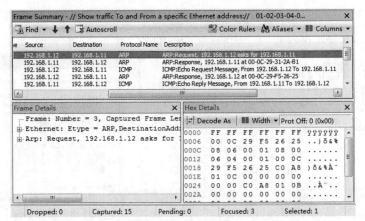

图 3-11　筛选数据帧

3.4.3　协议数据包的分析

选择由 PC_3 发往 PC_2 的 ARP Request 数据帧，在【Frame Details】窗口中可以看到 ARP Request 数据帧中的主要字段及相应值，如图 3-12 所示。

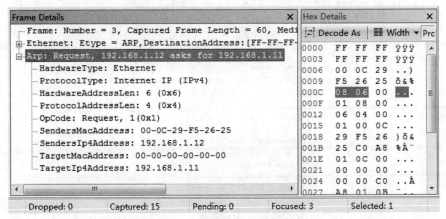

图 3-12　ARP Request 详细内容

ARP Request 数据帧主要包含的主要字段见表 3-3。

表 3-3　ARP Request 数据帧含义

序号	字段内容	MAC 地址含义
1	Address Resolution Protocol (request)	表示该帧为请求帧
2	Hardware type: Ethernet (0x0001)	硬件类型，0001 为以太网
3	Protocol type:InternetIP(0x0800)	协议类型 0800 为 IP 协议

续表

序号	字段内容	MAC 地址含义
4	Hardware size: 6(0x06)	硬件长度为 6B
5	Protocol size: 4(0x04)	协议长度为 4B
6	Opcode: Request (0x01)	操作码 01 表示请求
7	Sender MAC address: 00-0c-29-f5-26-25	发送方的 MAC 地址
8	SenderIPaddress:192.168.1.12	发送方的 IP 地址
9	Target MAC address: 00-00-00-00-00-00	接受方的 MAC 地址不清楚，用全 0 替代
10	TargetIPaddress: 192.168.1.11	接收方的 IP 地址

在该数据帧后一条 PC_2 发往 PC_3 的 ARP Response 数据帧，在【Frame Details】窗口中可以看到 ARP Response 数据帧中的主要字段及相应值，如图 3-13 所示。

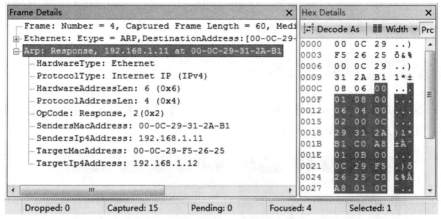

图 3-13　ARP Response 详细内容

ARP Response 数据帧包含的主要字段见表 3-4。

表 3-4　ARP Response 数据帧含义

序号	字段内容	MAC 地址含义
1	Address Resolution Protocol (response)	表示该帧为应答帧
2	Hardware type: Ethernet (0x0001)	硬件类型，0001 为以太网
3	Protocol type:InternetIP(0x0800)	协议类型，0800 为 IP 协议
4	Hardware size: 6(0x06)	硬件长度为 6B
5	Protocol size: 4(0x04)	协议长度为 4B
6	Opcode: Response (0x02)	操作码 02 表示应答
7	Sender MAC address: 00-0c-29-31-2a-b1	发送方的 MAC 地址
8	SenderIPaddress:192.168.1.11	发送方的 IP 地址
9	Target MAC address: 00-0c-29-f5-26-25	接受方的 MAC 地址
10	TargetIPaddress: 192.168.1.12	接收方的 IP 地址

通过上述数据帧的分析，可以看出，PC_3 发出的询问有关 IP 为 192.168.1.11 的 MAC 地址的 ARP Request 数据帧中的接收者的 MAC 地址由于是未知的，所以用全 0 替代。当 IP 为 192.168.1.11 的 PC_2 收到该 ARP Request 数据帧后，发现该 ARP Request 数据帧中的 TargetIPaddress 为自己，便向发送方 PC_3 发送一个含有自身 MAC 地址信息的数据帧 ARP Reply 给 PC_2。

3.5 利用 CommView 软件篡改 ARP 数据帧

3.5.1 协议分析软件的配置

在 PC_1 上，运行 CommView 软件，在 CommView 主窗口上的网络接口下拉列表框选择需要对哪个网络接口捕获数据，在本节中，选择"本地连接"的网卡。

3.5.2 协议数据包的捕获

① 单击该工具左侧的【运行】按钮，在【Packets】选项卡中可以看到捕获到的数据帧及其数据帧的详细信息，如图 3-14 所示。

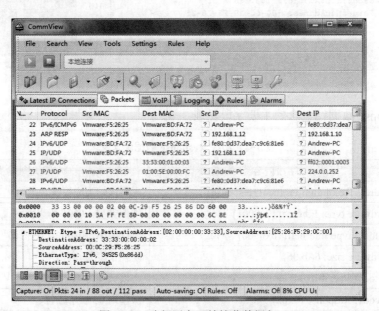

图 3-14   选择网卡开始捕获数据包

② 在 PC_3 上，使用"ping 192.168.1.11"命令，查看能否成功接收 4 个回应数据包，如图 3-15 所示。

③ 查看 PC_1 的 ARP 缓存，收到关于 PC_3 的广播包，如图 3-16 所示。

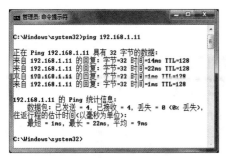

图 3-15　PC_3 ping PC_2

图 3-16　PC_1 的 ARP 缓存

3.5.3　协议数据包的篡改

① 在 CommView 捕获的数据包中查找协议为"ARP/REQ"的数据包，通过 IP 地址确认为 PC_3 的 ARP 广播包，如图 3-17 所示。

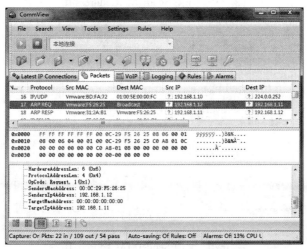

图 3-17　PC_3 的 ARP 广播包

② 选中图 3-17 中的记录，单击鼠标右键，在弹出的快捷菜单中选择【Send Packets】|【Selected】菜单命令，用于重新发送所选数据包，如图 3-18 所示。

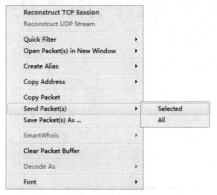

图 3-18　选择发送 ARP 广播数据包

对上述选择的数据包，将发送者"SenderMACaddress"由原来的"00-0C-29-F5-26-25"改为不存在的"00-0C-29- FF-FF-FF"，如图 3-19 和图 3-20 所示。

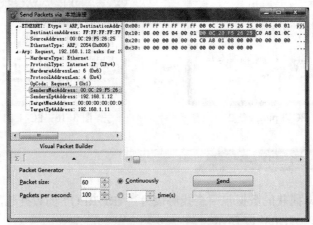

图 3-19　原始 SenderMACaddress 图

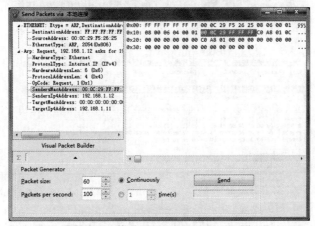

图 3-20　修改 SenderMACaddress 图

③ 单击【Send】按钮，开始发送虚假的 ARP 广播包，如图 3-21 所示。

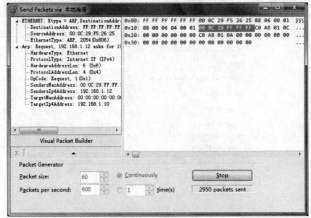

图 3-21　发送篡改过的 ARP 图

④ 用"PC_2 ping PC_3",无法 ping 通,如图 3-22 所示。

查看 PC_2 上的 ARP 缓存,存储的是假的 IP 与 MAC 地址映关系,如图 3-23 所示。

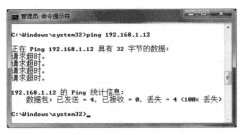 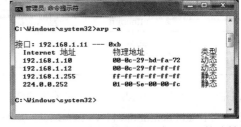

图 3-22 PC_2 无法 ping 通 PC_3 提示 图 3-23 PC_2 上存储的错误 IP 与 MAC 的映射关系

⑤ 在 PC_2 上对 PC_3 的 IP 与 MAC 做静态绑定,在 PC_2 上使用"netsh i i show in"命令查看本地连接的 Idx 号,如图 3-24 所示。

图 3-24 PC_2 上查看本地连接的 Idx 号

netsh 是一个功能非常强大的系统内置命令,"netsh i i show in"命令为"netsh interfaceIPshow interface"的缩写,该命令的标准格式为"nctsh interfaceIPshow {选项}",{选项}部分的参数见表 3-5。

表 3-5 netsh 命令选项表

序号	选项	MAC 地址用途
1	address	显示 IP 地址配置
2	config	显示 IP 地址和更多信息
3	dns	显示 DNS 服务器地址
4	icmp	显示 ICMP 统计
5	interface	显示 IP 接口统计
6	ipaddress	显示当前 IP 地址
7	ipnet	显示 IP 的网络到媒体的映射
8	ipstats	显示 IP 统计
9	joins	显示加入的多播组
10	offload	显示卸载信息
11	tcpconn	显示 TCP 连接

续表

序号	选项	MAC 地址用途
12	tcpstats	显示 TCP 统计
13	udpconn	显示 UDP 连接
14	udpstats	显示 UDP 统计
15	wins	显示 WINS 服务器地址

在 PC_2 上使用 netsh 命令添加关于 PC_3 的 IP 与 MAC 的静态映射关系，所使用的命令为 "netsh -c "i i" add neighbors 11 192.168.1.12 00-0c-29-f5-26-25"，"-c" 参数后的内容 "i i" 用于指明 netsh 的上下文为 "interface ip"，"11" 为 PC_2 上的本地连接的 Idx 号，如图 3-25 所示。

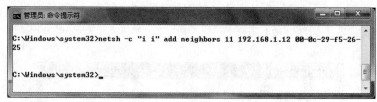

图 3-25　PC_2 上添加关于 PC_3 的 IP 与 MAC 的静态映射信息

在 PC_2 上使用 "arp-a" 查看 ARP 缓存信息，如图 3-26 所示。

从图 3-26 中可以看到，IP 为 "192.168.1.12" 与 MAC 为 "00-0C-29-F5-26-25" 的映射类型为 "静态"，在 PC_2 上 ping PC_3，发现可以 ping 通，如图 3-27 所示。

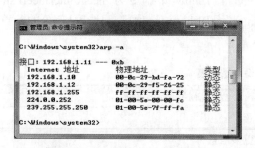

图 3-26　PC_2 的 ARP 缓存信息

图 3-27　PC_2 ping 通 PC_3

本章总结

ARP 协议把 IP 地址解析成 LAN 硬件使用的媒体访问控制地址。IP 数据包常通过以太网发送，但以太网设备并不识别 32 位 IP 地址，它们是以 48 位以太网地址传输以太网数据包。因此，必须把 IP 目的地址转换成以太网目的地址。在以太网中，一个主机要和另一个主机进行直接通信，必须要知道目标主机的 MAC 地址。但这个目标 MAC 地址是如何获得的呢？它就是通过地址解析协议获得的。ARP 协议用于将网络中的 IP 地址解析为目标硬件地址，以保证通信的顺利进行。

4

第 4 章
ICMP 请求和应答
报文分析

网络层的主要功能就是"尽最大努力传输"，IP 协议并不提供数据的可靠性传输，数据包（也称为分组）在网络层可以进行转发和寻路的操作，在传输过程中会发生各种各样的错误，如何侦测网络中的错误由网络层的其他协议来完成，ICMP 协议就是进行网络错误报告和侦测的三层协议。

4.1　ICMP 的层次和应用

ICMP 全称是网络控制报文协议（Internet Control Message Protocol），位于网络层。ICMP 协议提供了一个"错误侦测与反馈"的机制，就是把数据包在传输过程中遇到的错误（TTL 超时、主机不可达等）诊断出来，并使用 ICMP 协议进行封装，将 ICMP 数据包交给发送该数据包的设备进行处理。ICMP 只负责报告错误，而不会去纠正发现的错误。以下是 ICMP 的一些主要功能。

① 侦测远端主机的连通性。

② 建立和维护路由表项。

③ 优化数据包传输的路径选择。

④ 对数据包传输进行流量控制。

ICMP 有两种实现的方式，一种是传输过程中出现的差错报文，这种报文大部分都是由协议软件自动完成的（如路由重定向报文）；另一种是用户使用命令进行的查询报文（如 ping、tracert 命令）。

对于 ICMP，用户应用最多的就是 ping 命令使用的 ICMP 请求（Echo Request）和应答（Echo Reply）报文。该报文在 Windows 系统中默认向测试目标发送 4 次 ICMP 请求报文，如果成功，将收到来自测试目标的 4 个 ICMP 应答报文，图 4-1 显示了使用 ping 命令向目标机发送一个 ICMP 请求报文和目标机返回一个 ICMP 应答报文的传输范例。

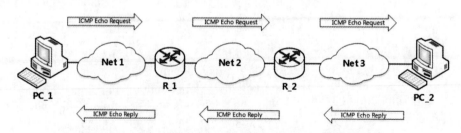

图 4-1　一个 ICMP 请求报文和一个 ICMP 应答报文的传输范例

4.1.1　ping 命令执行成功的实现流程

ping 是一个非常强大的命令，几乎所有的网络操作系统和网络互连设备都支持该命令，该命令用来侦测主机到主机之间或者主机到路由端口之间的可达性。当在操作系统或者设备控制界面输入"ping 目标 IP 地址"以后，ping 命令成功实现的流程如下。

①　在目标节点 IP 地址和目标节点 MAC 没有建立映射关系之前，会执行 ARP 协议获取"目标 IP 地址"主机的 MAC 地址映射关系（执行 ping 命令的主机或者设备和目标 IP 地址主机位于同一个网络），或者获得默认网关的 IP 地址和 MAC 地址映射关系（执行 ping 命令的主机或者设备和目标 IP 地址主机没有位于同一个网络）。

②　在目标节点 IP 地址和目标节点 MAC 建立映射关系之后，ping 命令会构造符合 ICMP 请求报文格式的数据包，该数据包的 ICMP 类型为 8（Echo Request），然后将该 ICMP 数据包交由数据链路层进行封装并发送。

③　目标 IP 地址所在的主机在收到 ICMP 请求数据包后，开始构造符合 ICMP 应答报文格式的数据包，该数据包的 ICMP 类型为 0（Echo Reply），然后将该 ICMP 数据包交由数据链路层进行封装并发送。

④　执行 ping 命令的主机或者设备在成功收到 ICMP 应答报文后，会将 ICMP 应答报文拆解并将结果进行显示。

4.1.2　ping 命令执行成功的显示

ping 命令在成功执行后，会显示和传输相关的 4 个重要参数。

①　"来自 202.102.3.141 的回复（Reply from 202.102.3.141）"，该"202.102.3.141"就是需要侦测和测试的目标 IP 地址。为什么要显示已经在命令中出现过的目标 IP 地址，这是因为 ping 命令不仅支持使用 IP 地址作为目标地址参数进行连通性测试，还支持将主机名（Computer Name）和域名（Domain Name）作为目标地址参数进行连通性测试（如"ping www.baidu.com"）。在后一种方式中，需要先将主机名或者域名解析成 IP 地址以后再进行测试和显示。

②　"字节=32（bytes=32）"，这个字节是指 ICMP 封装的测试数据为多少个字节，在 Windows 系统中会从 a～z 然后再加上从 a～f 的 32 个英文字符，也就是 32 字节。

③　"时间=135ms（time=135ms）"，该数据是指从 ping 命令发送 ICMP 请求报文到收到 ICMP 应答报文所消耗的时间，也称为往返时间，时间单位是 ms（毫秒，千分之一秒）。时间小于 1ms 的使用"时间<1ms"来表达。在图 4-1 中表达的是从 PC_1 发出 ICMP Echo Request 报文到成功收到 PC_2 返回的 ICMP Echo Reply 的时间。

④　"TTL=128"，TTL 称为生存时间（Time To Live），是 IP 协议包中的一个值，它告诉网络路由器数据包在网络中传输经过的路由器数量是否到达极限而应被丢弃。有很多原因使数据包在一定时间内不能被传递到目的地。例如，不正确的路由表可能导致数据包在网络中的无限循环。一个解决方法就是使用 TTL 值，数据包每经过一个路由器会将 TTL 值减 1，当 TTL 值为 0 时，路由器将丢弃这个数据包，然后给发送主机一个 ICMP 报文告知错误。不同的操作系统具有不同的默认 TTL 值，在 Windows 7 中默认的 TTL 值为 128。如果测试的 IP 地址所在主机为 Windows 7 操作系统，若 ping 返回结果为"TTL=128"，则表示执行 ping 命令的主机或者设备和目标主机位于同一个网络；若返回结果为"TTL=126"（图 4-1 所示的网络拓扑），则表示执行 ping 命令的主机或者设备到达目标主机的网络需要经过 2 个路由器（128－126=2）。

ping 命令成功执行的返回信息提供了强大的网络诊断能力，返回信息涵盖了 DNS（或主机名）解析的结果、网络的带宽质量和到达目标经过的跳数这些重要信息。很多网络防火墙会禁止 ping 命令使用的报文通过，因为该命令可以对网络进行探测和测试。

4.1.3　ICMP 差错报告报文

ping 命令执行成功只有一种情况，就是执行 ping 命令的主机和测试目标主机之间能够成功传送 ICMP 请求（类型为 8）和应答报文（类型为 0）；ping 命令执行失败或者数据包传输失败有多种可能，因为这些错误可能发生在执行 ping 命令的主机和测试目标主机本身（或者数据包传输的源点和终点），还可能发生在链路中的任何一个中继设备上。针对这些不同的错误，表 4-1 列出了不同的差错报告报文类型。

表 4-1　ICMP 差错报告报文类型

差错报文类型的值	差错报告报文名称
3	目标不可达（Destination Unreachable）报文
4	源站抑制（Source Quench）报文
11	超时（Time Exceeded）报文
12	参数问题（Parameter Problem）报文
5	路由重定向（Redirect）报文

① 类型 3 是目标不可达（Destination Unreachable）报文，终点不可达分为：网络不可达、主机不可达、协议不可达、端口不可达、需要分片但 DF 位已置为 1，以及源路由失败等 6 种情况，其代码字段分别置为 0～5。当出现以上 6 种不可达情况时就向源站发送终点不可达报文。

② 类型 4 是源站抑制（Source Quench）报文，当路由器或主机由于拥塞而丢弃数据报时，就向源站发送源站抑制报文，使源站知道应当将数据报的发送速率降低。

③ 类型 11 是超时（Time Exceeded）报文，超时分为两种：一种是当路由器收到生存时间为零（TTL=0）的数据报时，除丢弃该数据报外，还要向源站发送超时报文；另一种超时是当目的站在预先规定的时间内不能收到一个数据报的全部数据报分片时，将已收到的数据报片都丢弃，并向源站发送超时报文。

④ 类型 12 是参数问题（Parameter Problem）报文，当路由器或目的主机收到的数据报的首部中有的字段值不正确时，就丢弃该数据报，并向源站发送参数问题报文。

⑤ 类型 5 是路由重定向（Redirect）报文，当路由器或目的主机收到的数据报的首部中有字段的值不正确时，就丢弃该数据报，并向源站发送参数问题报文。

4.2　应用案例分析

本案例通过捕获 ICMP 数据包，分析理解 ICMP 的运行机制及报文结构，分析 ping 命令请求和回应数据包中的内容。

4.2.1 案例拓扑和配置参数

使用两台 Windows 7 虚拟机构建局域网，其网络拓扑结构如图 4-2 所示，其 TCP/IP 协议详细参数配置见表 4-2。

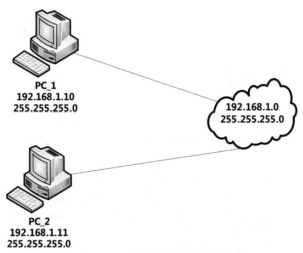

PC_1
192.168.1.10
255.255.255.0

192.168.1.0
255.255.255.0

PC_2
192.168.1.11
255.255.255.0

图 4-2　ICMP 协议分析网络拓扑结构

表 4-2　ICMP 协议案例中 ARP 协议分析详细参数配置表

设备名称	IP 地址	子网掩码
PC_1	192.168.1.10	255.255.255.0
PC_2	192.168.1.11	255.255.255.0

4.2.2 ICMP 协议的配置

依据网络拓扑图在各设备上配置相应的 IP 地址。

4.2.3 ICMP 协议分析软件的配置

在 PC_1 上，运行 Microsoft Network Monitor 软件，在左下角的【Select Networks】列表中选择"本地连接"接口，如图 4-3 所示。

单击【Properties】按钮，打开【Network Interface Configuration】网络接口配置窗口，选择【P-mode】复选框，即设置该网络接口为混杂模式，单击【OK】按钮，如图 4-4 所示。

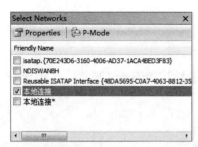

图 4-3 运行 Microsoft Network Monitor 软件

图 4-4 设置网络接口为混杂模式

4.2.4 协议数据包的捕获

① 单击工具栏上的【New Capture】按钮，打开【Capture1】选项窗口，单击工具栏上的【Start】按钮抓取网络数据包，在【Frame Summary】中可以看到被捕获到的所有网络通信数据帧，如图 4-5 所示。

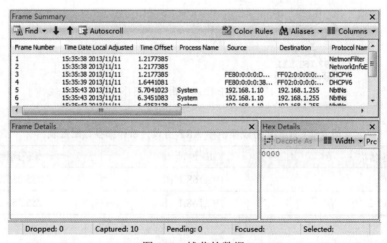

图 4-5 捕获的数据

② 在 PC_2 上，使用"ping 192.168.1.10"命令，当屏幕上收到一条回应数据后，使用【Ctrl+C】键终止该命令的运行，如图 4-6 所示。

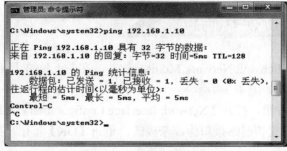

图 4-6 接收 ping 回应包

③ 单击【Load Filter】按钮，选择【Standard Filters】|【Addresses】|【IPv4 Addresses】菜单命令，如图 4-7 所示。

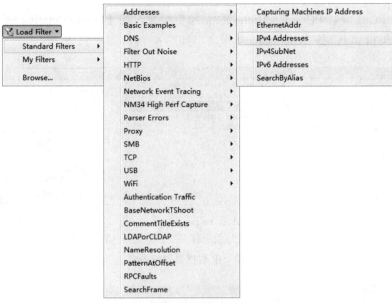

图 4-7　设置 Filter

④ 将打开的【Display Filter】窗口中"IPv4.Addresses"的值修改为"192.168.1.11"，单击【Apply】按钮，对捕获的数据包进行显示过滤，如图 4-8 所示。

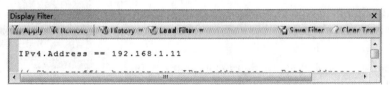

图 4-8　设置 Filter 参数

⑤ 在【Frame Summary】窗口中显示出由 PC_1 发往 PC_2 的"Echo Request"和由 PC_2 发往 PC_1 的"Echo Reply"报文，如图 4-9 所示。

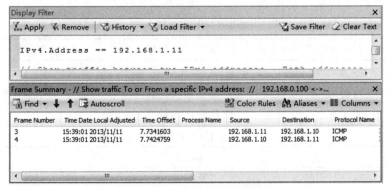

图 4-9　PC_1 上捕获的数据包

4.2.5　协议数据包的分析

① 选中由 PC_1 发往 PC_2 的"Echo Request"报文，在【Frame Details】窗口中可以看到网络层的 IP 数据报和 ICMP Echo Request 报文，如图 4-10、图 4-11 所示。

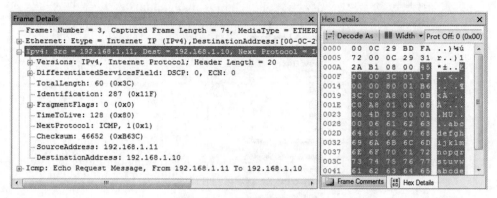

图 4-10　IP 数据报详细内容

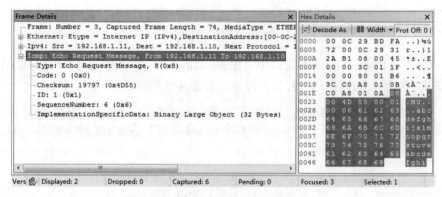

图 4-11　ICMP Echo Request 详细内容

其网络层的 IP 报文是由 IP 首部加数据部分组成的。IP 首部的最大长度不超过 60 字节。IP 报文格式如表 4-3 所示所示：

表 4-3　IP 报文格式

4 位版本	4 位首部长度	8 位服务类型	16 位总长度（字节数）	
16 位标识			3 位标志	13 位片偏移
8 位生存时间		8 位协议类型	16 位首部检验和	
32 位源 IP 地址				
32 位目的 IP 地址				
选项				
数据				

从捕获的报文中可以分析出该 ICMP 报文的信息为：该报文信息信息为：
4500003c011f00008001b63cc0a8010bc0a8010a

版本号：指 IP 模块使用的 IP 协议的版本，字段长度是 4Bits。目前 IP 协议有 IPv4 和 IPv6 两种版本，IPv4 的 VER 值为 4，IPv6 的 VER 值为 6。

IP 报头长度：是 IP 报头的长度，该字段长度是 4 Bits。IHL 以 4 个字节为计算单位。

服务类型：表示数据报在网络中传输的处理方式，字段长度是 8 Bits，包含 3 位优先等级位（precedence）以及 4 位的服务类型参数（TOS：type of service）和 1 位保留位

数据报总长度：指数据报的总长度，包括报头和数据，以字节为计算单位。该字段的长度是 16 Bits，所以最大值是 2^{16}-1 即 65535 个字节。

数据报标识：是由源主机指定的数据报标识码，用于将分割后的小数据报重组成原始数据报。该字段的长度是 16 Bits，因此可以标识 65535 个不同的数据报。

标志：分割控制标志，长度为 3 Bits。最高位是预留位，其值必须为 0。中间位为 DF（不分割）标志位（值为 0 表示可分割，值为 1 表示不分割）：最低位为 MF（更多分割）标志位（值为 0 表示这是最后一个数据报，值为 1 表示后面还有数据报。

分割偏移：表示分割后的数据报在原始数据报中的位置，以 8 个字节为计算单位，第一个数据报的偏移是 0。

存活时间：表示数据报在 IP 网络中能够存在的最长时间，字段长度是 8 Bits，所以 TTL 的最大值为 2^8-1 即 255 秒。

协议：表示 IP 协议的上一层协议，字段长度为 8 Bits。各种高层协议都有对应的 Protocol 值，其值如表 4-4 所示。

表 4-4 协议字段值表

Protocol 值	协议类型
0	保留
1	ICMP
2	IGMP
6	TCP
14	Telnet
17	UDP
89	OSPF

报头校验和：报头校验和字段长度为 16 Bits，用于数据报传输过程中的错误检测，该校验和是对 IP 报文首部进行校验，数据部分不参与校验计算。其计算方法如下：

（1）首先将检验和部分为零；

（2）然后将 IP 报文划分成 16 位的一个个 16 进制数，将这些数逐个相加：
0x4500+0x003c+0x011f+0x0000+0x8001+0x0000+0xc0a8+0x010b+0xc0a8+0x010a =0x249c1

（3）再将高位加到低位上去：0x0002+0x49c1=0x49c3

（4）最后将得到的结果取反，则可以得到检验和为：0xffff-0x49c3=0xb63c

位填补：位填补字段的长度是可变的。当 IP 报头的长度不是 4 个字节的倍数时，就利用 Padding 在报头最后面填入一连串的 0，直到报头的长度成为 4 个字节的倍数。

源地址：源地址字段长度为 32 Bits，表示发送数据报的主机的 IP 地址。

目的地址：目的地址字段长度为 32 Bits，表示接收数据报的目的主机的 IP 地址。

IP 选项：不是必须的，但是选项在网络的测试和纠错，以及数据传输的安全防护方面有重要的作用。

ICMP 报文格式如表 4-5 所示。ICMP 报文包括 8 个字节的报头和长度可变的数据部分。对于不同的报文类型，报头的格式一般是不相同的，但是前 3 个字段（4 个字节）对所有的 ICMP 报文都是相同的。

表 4-5 ICMP 报文格式

8 位类型	8 位代码	16 位校验和
报头其余部分		
数据部分		

从捕获的报文中可以分析出该 ICMP 报文的信息为：08 00 4d 55 00 01 00 06 61 62 63 64 65 66 67 68 69 6a 6b 6c 6d 6e 6f 70 71 72 73 74 75 76 77 61 62 63 64 65 66 67 68 69

类型（Type）字段：长度是 1 字节，用于定义报文类型。

代码（Code）字段：长度是 1 字节，表示发送这个特定报文类型的原因。

校验和（Checksum）字段：长度是 2 字节，用于数据报传输过程中的差错控制，是对整个 ICMP 报文进行校验。其计算方法如下：

（1）首先将检验和部分为零；

（2）然后将 ICMP 报文划分成 16 位的一个个 16 进制数，将这些数逐个相加：

0x0800+0x0000+0x0001+0x0006+0x6162+0x6364+0x6566+0x6768+0x696a+0x6b6c+0x6d6e+0x6f70+0x7172+0x7374+0x7576+0x7761+0x6263+0x6465+0x6667+0x6869=0x6b2a4

（3）再将高位加到低位上去：0x0006+0xb2a4=0xb2aa

（4）最后将得到的结果取反，则可以得到检验和为：0xffff-0xb2aa=0x4d55

报头的其余部分：其内容因不同的报文而不同。

数据字段：其内容因不同的报文而不同。对于差错报告报文类型，数据字段包括 ICMP 差错信息和触发 ICMP 的整个原始数据报，其长度不超过 576 字节。

ICMP Echo Request 报文主要包含的主要字段见表 4-6，其中 8 bits 类型和 8 bits 代码字段一起决定了 ICMP 报文的类型。

表 4-6 ICMP Echo Request 报文含义

序号	字段内容	含义 MAC 地址
1	Type:Echo Request Message:8(0x8)	表示类型
2	Code:0(0x0)	表示代码

序号	字段内容	含义 MAC 地址
3	Checksum:19797(0x4D55)	整个 ICMP 数据包的校验和字段
4	ID:1(0x1)	用于标识本 ICMP 进程
5	SequenceNumber:6(0x6)	用于判断应答数据报
6	ImplementationSpecificData:Binary　　Large Object(32 Bytes)	选项部分

② 选中由 PC_2 发往 PC_1 的"Echo Reply"报文，在【Frame Details】窗口中可以看到 ICMP Echo Reply 中的主要字段及相应值，如图 4-12 所示。

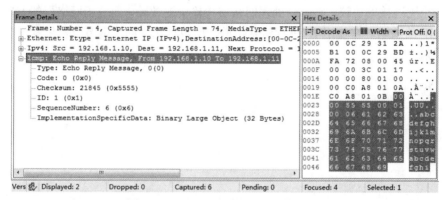

图 4-12　ICMP Echo Request 详细内容

ICMP Echo Reply 报文包含的主要字段见表 4-7。

表 4-7　ICMP Echo Reply 报文含义

序号	字段内容	含义
1	Type:Echo Reply Message:0(0x0)	表示类型
2	Code:0(0x0)	表示代码
3	Checksum:21845(0x5555)	整个 ICMP 数据包的校验和字段
4	ID:1(0x1)	用于标识本 ICMP 进程
5	SequenceNumber:6(0x6)	用于判断应答数据报
6	ImplementationSpecificData:Binary Large Object(32 Bytes)	选项部分

从上述数据可以看出，Type 为 8、Code 为 0 表示请求；Type 为 0、Code 为 0 表示应答。Echo Request 报文和 Echo Reply 报文中的 SequenceNumber 值相同，表明这是同一组请求和应答。ImplementationSpecificData 部分的内容均为英文字母 a～w 再从 a～i 所构成的 32B。从 ping 命令的返回值 TTL=128 可知，PC_1 与 PC_2 处于同一网段中。

本章总结

　　IP 是一个数据报协议，它主要负责在主机之间为数据包进行寻址和路由。但 IP 是无连接的协议，这意味着它在交换数据之前不建立连接，所以 IP 也是不可靠的，这意味着它不能保证数据包的正确传送。IP 总是尽"最大努力"来尝试传送数据包，但 IPv4 数据包可能会丢失、错序发送、重复或延迟，所以需要更高层协议必须能够确认所传送的数据包并根据需要恢复丢失的数据包。

　　ICMP 负责向数据通信中的源主机报告错误，可以实现故障隔离和故障恢复。网络本身并不是十分可靠的，在网络传输过程中，可能会发生许多突发事件并导致数据传输失败。前面说到的 IP 是一个无连接的协议，它不会处理网络层传输中的故障，而位于网络层的 ICMP 协议却恰好弥补了 IP 的缺陷，它使用 IP 进行信息传递，向数据包中的源端节点提供发生在网络层的错误信息反馈。

5

第 5 章
TCP 协议分析(以 HTTP 为例)

传输层通过 TCP 和 UDP 两个协议为应用层分别提供面向连接的服务及面向非连接的服务，不同的应用层协议会使用不同的传输层协议，本章重点讲解 TCP 协议。传输层存在于通信子网以外的主机和设备中，在通信子网中通常没有传输层，图 5-1 说明了传输层的功能。

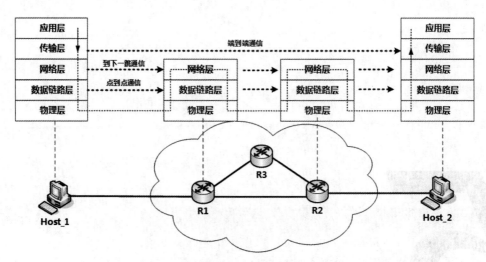

图 5-1　传输层的功能（图示采用 ISO 参考模型并将上三层用"应用层表示"）

图 5-1 演示了传送一个数据包从主机"Host_1"到主机"Host_2"的打包和拆包过程，网络层根据目标地址"Host_2"的 IP 地址找到下一跳的地址位于通信子网的路由器 R2 接口，数据链路层通过 ARP 协议找到下一跳 IP 地址对应路由器 R2 接口的 MAC 地址，并利用传输介质传输封装的帧。从用户视角看来，就好像"Host_1"和"Host_2"上的网络应用程序在直接通信，这就是端到端通信更加通俗的一种表达。

5.1　TCP 协议的主要任务

网络层的主要任务是尽最大努力传输，但是两个主机进行数据通信不仅仅是数据包找到合适的路径发送这么简单，数据网络采用的分组交换不同于语音网络采用的电路交换，一次通信的多个数据包到达同一个目标主机不一定沿着同一条路径，该特征为构筑庞大的互联网提供了强大的灵活性，但也带来了可靠性问题，这些问题交由高层的传输层协议来解决。

TCP 协议进行一次通信需要经历连接建立、数据传输和连接关闭三个阶段。在这三个阶段，TCP 协议要解决通信过程中遇到的大量问题，本节仅简要介绍 TCP 协议为了实现面向连接服务要完成的六个主要任务。

5.1.1　连接的建立

TCP 使用三次握手（Three-way Handshake）的机制来创建两个通信主机间的连接。对 TCP 协议来说，连接意味着通信的一端要打开一个套接字（Socket）进入侦听状态，另一端主动发起向该套接字的连接。在 TCP/IP 协议中，TCP 协议提供可靠的连接服务，采用三次握手建立连接，如图 5-2 所示。

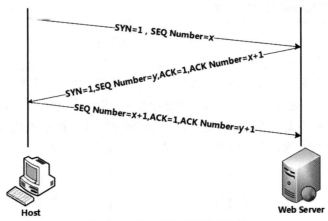

SYN=1，SEQ Number=x

SYN=1,SEQ Number=y,ACK=1,ACK Number=x+1

SEQ Number=x+1,ACK=1,ACK Number=y+1

Host

Web Server

图 5-2　TCP 三次握手建立连接

第一次握手：建立连接时，客户端（Host）发送请求同步包（SYN=1，ACK=0，Sequence Number = x）到服务器（Web Server），其序号是客户端随机生成的，并进入 SYN_SEND 状态，等待服务器确认。

第二次握手：服务器收到请求同步包，必须对客户端序号进行确认同时也生成一个请求同步的序号（SYN=1，ACK=1，Sequence Number = y，Acknowledgement Number = $x+1$），该序号是服务器随机生成的，此时服务器进入 SYN_RECV 状态。

第三次握手：客户端收到服务器的确认序号和请求同步序号，向服务器发送确认包（ACK=1，Acknowledgement Number = $y+1$），该包发送完毕，客户端和服务器进入 ESTABLISHED 状态，完成三次握手。完成三次握手以后，客户端与服务器开始传送数据。

5.1.2 数据包乱序的处理

TCP 协议使用一个 32 位的序号（Sequence Number）来标识发送的一个数据报文，TCP 会标识整个通信数据的所有字节流，该序列号其实是 TCP 为要传输的字节流中每一个字节的编号。在 TCP 建立连接的握手过程中，通信双方各自确定了初始的序号（图 5-2 中为 x、y），TCP 每次传送的报文段的序号字段表示索要传送的报文中的一个字节的序号。

TCP 同时使用 32 位的确认序号（Acknowledgement Number）对收到的数据报文进行确认。这个确认的号码实际上是对接收到数据最高序列号的确认。如果客户端发送的数据序号为 500，发送的数据长度为 200，则接收端成功收到后会返回一个是 701 的确认号给发送端，既表达了已经成功收到该数据包的信息，也表达了下一个数据报文期望发送的字节序号。

分组交换网络设计的本质在于每一个数据包都可以"独立路由"到最优路径到达目的地，因此两个主机通信的数据包并不会只沿着一条路径进行传输，接收端接收到的报文次序也不一定和发送端发送次序完全一致，这个时候就需要 TCP 使用序号将报文段按照正确的顺序进行组合后交给应用层进行处理。

5.1.3　数据包丢失的解决

TCP 在建立的连接以后，数据包在两个端点之间的传输有两个结果，一个是传输成功，一个是传输失败。传输失败就是需要传输的数据包因为种种原因在传输路径上丢失了，TCP 把"发现"数据包丢失的任务交给发送端，同时规定，如果发送端"发现"数据包丢失将丢失的数据包进行重传。这种"发现"的能力是 TCP 通过在发送数据报文时设置一个超时定时器来实现的，如果在定时器结束时还没收到发送报文的确认，发送端将认为该数据包已经丢失，发送端将会重传这个报文。

数据包丢失有一些比较常见的情况，图 5-3 给出了常见的三种情况。

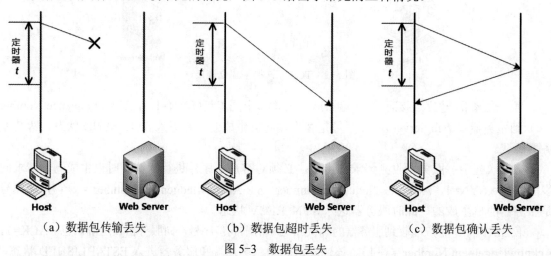

(a) 数据包传输丢失　　　　　　(b) 数据包超时丢失　　　　　　(c) 数据包确认丢失

图 5-3　数据包丢失

图 5-3（a）是指数据包在传输过程中被交换机、路由器或防火墙等中间设备或软件进行了丢弃，这种情况接收端没有收到数据包。图 5-3（b）是指数据包还在传输过程中，但因为中间转发设备延迟过大导致发送端定时器超时，这种情况接收端收到了数据包。图 5-3（c）是指返回的确认包还在传输过程中，但因为中间转发设备延迟过大导致发送端定时器超时，这种情况接收端收到了数据包。

在发送端定时器超时以后，发送端会启动重传，如果接收端接收到两个序号一样的数据包（如图 5-3（b）和图 5-3（c）所示的两种情况），将会丢弃重复的数据包。

定时器的时间设置非常重要，这个时间如果设置的过大则存在发送端等待时间过长的问题；如果设置的过小则会出现大量的超时情况，在这情况中重传数据将消耗大量的带宽。定时器的时间取值（也称为重传时间）必须来自真实的端到端的实际网络状况，不同的端到端连接必然有不同的定时器时间，而且同一个端到端的连接在不同的时间也会有不同的定时器时间（如网络高峰时刻和网络空闲时刻）。这个时间是由 TCP 算法实现的，无论采用了哪种算法，该算法必然是动态地将当前的端到端的网络状况尽量真实地进行反映。

5.1.4　流量控制

每次发送一个数据包包含多少字节也是 TCP 要解决的一个重要问题。如果每次发送的字节数过小，那么带宽利用率就会很低，接收端的处理能力也不能完全地发挥出来。如果每次发送的字节数过大，超过了网络的带宽容量或者接收端的处理能力，会有大量的数据包被丢弃和重发。在这种情况下，如果 TCP 没有相应的控制机制，情况将会恶化，重发会加剧网络带宽的拥塞状况或者接收端丢弃数据包的状况，有效的数据传输会进一步降低。TCP 的流量控制就是尽最大努力去使用网络带宽和接收端的设备处理能力，同时降低拥塞的风险，并能在拥塞发生以后进行恢复。

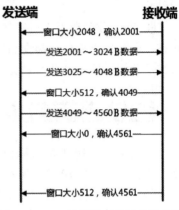

TCP 的流量控制采用滑动窗口（Sliding-Window）来进行流量控制，发送端根据接收端提供的窗口信息来调整每一次发送数据包的字节数。接收端提供的流量控制信息主要包括窗口大小和收到的数据包序号确认。基本的操作流程如图 5-4 所示。

图 5-4 给出了接收端如何通过滑动窗口进行流量控制，滑动窗口的具体实现非常复杂，本节仅阐述滑动窗口最基本的运行机制。接收端发送的窗口大小在 TCP 报文中的字段名称为 rwnd，接收端发送的确认序号对发送端来讲就是需要发送的下一个字节的编号。

图 5-4 TCP 流量控制的简单示意图

5.1.5 连接的关闭

建立 TCP 连接需要进行三次握手，因为 TCP 协议是一个全双工协议，数据包传输可以同时在两个建立 TCP 连接主机之间双向进行，这就意味着连接的关闭也要在两个方向上进行关闭，因此 TCP 的关闭变成了四步操作。TCP 连接的关闭分为主动关闭和被动关闭两种形式，本节主要讲解主动关闭形式。这四步过程如图 5-5 所示。

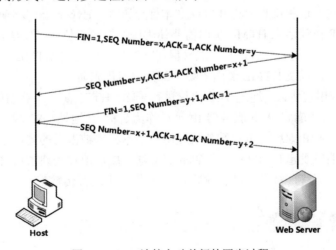

图 5-5 TCP 连接主动关闭的四步过程

① 已经建立 TCP 连接的 Host 和 Web Server，当 Host 已经将需要传输给 Web Server 的数据全部传输完毕的时候，会发送一个 FIN 为 1 的报文来告知 Web Server 数据发送已经结束。

② Web Server 收到该报文后发送 ACK 报文向 Host 进行确认，Host 收到 ACK 报文后开始等待 Web Server 发送 FIN 报文，此时 Host 停止向 Web Server 发送数据，但 Web Server 仍然可以向 Host 发送数据。

③ Web Server 完成数据发送后，会发送一个 FIN 为 1 的报文来告知 Host 数据发送已经结束。

④ Host 收到该报文后发送 ACK 报文向 Web Server 进行确认，Host 会进入一个 TIMA_WAIT 状态，确保 Web Server 接收到 ACK 包并关闭连接，进入 CLOSED 状态，Web Server 收到 ACK 报文后关闭连接，也进入 CLOSED 状态。

5.1.6 连接的复用

网络层使用 IP 地址来标识设备在 Internet 上的地址，当数据包从源 IP 地址所在的主机经过路由设备到达目标 IP 地址所在的主机后，必须有一个标识让目标主机能够把数据包准确地交给相应的网络应用程序，该标识就是位于传输层的端口号（Port Number）。

端口号是一个 16 进制的二进制数，虽然主机可能只配置一个 IP 地址，但有了端口号以后，理论上可以有 65 535 个端到端的连接。因此对于主机来说，一个端到端连接是用 4 个参数来标识的{源 IP 地址，目标 IP 地址，源端口号，目标端口号}。端口号将一个 IP 逻辑连接复用为多个网络应用程序的连接。

5.2 HTTP 协议的关键要素

HTTP 协议的全称是超文本传输协议（HyperText Transfer Protocol），设计 HTTP 的目的是为了提供一种规范的发送和接收 HTML（超文本标记语言，HyperText Markup Language）页面的方法，通过 HTTP 协议请求 HTML 页面需要使用统一资源定位符（URL，Uniform Resource Identifier）来标识页面位置，HTTP 不仅能够保证计算机正确传输 HTML 页面，而且还能确认传输文档的哪一部分，以及 HTML 页面的哪一部分内容优先显示。

HTTP 是一个应用层协议，通过 TCP 协议进行传输。HTTP 是一个典型的请求和应答模型，访问 Web 服务器的客户端将 Web 服务器 IP 地址作为目标 IP 地址，80 端口作为目标端口号，客户端 IP 地址作为源 IP 地址，客户端随机使用一个本机未被占用的端口号作为源端口号，向目标 IP 地址的 80 端口发起 HTTP 请求，Web 服务器在成功地收到请求后将客户端请求的页面使用 HTTP 协议进行应答，将应答信息封装到 TCP 报文中进行传输。

5.2.1 URL 的定义

当在浏览器地址栏输入 "http://www.baidu.com" 时，就是在使用 URL 访问百度服务器的首页。该地址实际上由 4 部分组成，其中两部分内容并未在其中体现。

① 协议："http://" 代表使用超文本传输协议访问 www.baidu.com。

② 域名：www.baidu.com 代表要访问主机的全域名，www 是二级域名 baidu 下提供 Web 服务的主机名字（一个域名可以代表一台主机或者多台使用负载均衡或者群集的主机）。

③ 请求页面：www.baidu.com 上配置了默认的返回页面，如果请求访问的客户端没有指定需要的页面，百度的服务器将会返回给客户端已经配置好的默认页面。

④ 目标端口：如果没有特别指明，浏览器会将 HTTP 协议的默认端口号 80 作为访问主机的目标端口号，如果需要指明特定的端口号，则需要在地址的尾部加上"：特定端口号"对目标主机进行访问。

一个完整的地址栏输入形式如 http://www.demo.com/default.html:8000。这个输入地址代表了一个完整的 HTTP 请求，含义是使用 HTTP 协议，向域名 www.demo.com 所在的目标 Web 服务器的 8000 端口，请求 default.html 页面。

5.2.2 HTTP 访问的过程

HTTP 目前的使用版本是 1.1，HTTP 是一个无状态的协议，无状态意味着客户端发起不同请求之间没有任何关联。一个典型的 HTTP 操作过程分为以下 4 步。

第 1 步：在浏览器地址栏输入地址或者单击某个超级链接，客户端首先 Web 服务器建立连接，该过程使用 TCP 协议的三次握手，如果使用的是域名访问，在建立连接之前还要经过 DNS 解析将 DNS 域名解析为 IP 地址。

第 2 步：客户端和 Web 服务器建立 TCP 连接成功以后，客户端发送一个 HTTP 请求给 Web 服务器。请求消息的第 1 行的格式：Method SP Request-URI SP HTTP-Version CRLF。

（1）Method 表示对于 Request-URI 完成的方法，该字段对大小写敏感的，包括 OPTIONS、GET、HEAD、POST、PUT、 DELETE、TRACE。

主要请求方式如下。

① "HEAD"：该方式主要用来获取请求页面的首部。该方法常用来检查超文本链接的有效性、可到达性和最近的修正。

② "GET"：用于获取统一资源定位符 URI 指定服务器的任何资源，是最通用的一种方式。

③ "POST"：向指定资源提交数据，请求服务器进行处理（例如提交表单或者上传文件）。数据被包含在请求文本中，该请求可能会创建新的资源或者修改现有资源，或同时发生这两种改变。

（2）SP 表示空格。

（3）Request-URI 遵循 URI 格式，在该字段为星号（*）时，说明请求并不用于某个特定的资源地址，而是用于服务器本身。

（4）HTTP-Version 表示支持的 HTTP 版本，如 HTTP/1.1。

（5）CRLF 表示换行回车符。

第 3 步：Web 服务器接到客户端请求后，给予客户端应答信息。应答消息的第一行的格式：HTTP-Version SP Status-Code SP Reason-Phrase CRLF。

（1）HTTP-Version 表示支持的 HTTP 版本，如 HTTP/1.1。

（2）SP 表示空格。

（3）Status-Code 是一个三个数字的结果代码，Status-Code 的第 1 个数字定义响应的类别。第 1 个数字可能取 5 个不同的值及其代表的含义如下。

① 1xx：信息响应类，表示接收到请求并且继续处理。

② 2xx：处理成功响应类，表示动作被成功接收、理解和接受。

③ 3xx：重定向响应类，为了完成指定的动作，必须接受进一步处理。

④ 4xx：客户端错误，客户请求包含语法错误或者是不能正确执行（404 Not Found 无法找到指定位置的资源，这个是常见的请求页面访问失败返回的应答类型）。

⑤ 5xx：服务端错误，服务器不能正确执行一个正确的请求。

（4）Reason- Phrase 给 Status-Code 提供一个简单的文本描述。

（5）CRLF 表示换行回车符。

第 4 步：当 Web 服务器发送应答结束以后，Web 服务器与客户端断开连接，双方都释放连接所需的资源。

客户端访问 Web 服务器上的页面都要经历这样的过程，依托 DNS 缓存和保持连接等技术可以减少访问同一个 Web 服务器的 DNS 解析和建立 TCP 连接的次数。如果客户端请求成功，则浏览器会将收到的 HTML 页面进行解析和显示；如果请求失败，则浏览器会将显示访问出错的响应页面。

5.3 应用案例分析

通过使用软件抓包，分析 HTTP 报文结构，找出用户通过浏览器提交的用户名及密码明文。

5.3.1 案例拓扑和配置参数

使用一台 Windows 7 虚拟机，一台 Windows 2003 虚拟机，其网络拓扑结构如图 5-6 所示，

PC_1
192.168.1.10
255.255.255.0

192.168.1.0
255.255.255.0

Server_1
192.168.1.100
255.255.255.0

图 5-6 HTTP 协议分析网络拓扑结构

其 TCP/IP 协议详细参数配置见表 5-1。

表 5-1 HTTP 协议分析详细参数配置表

设备名称	IP 地址	子网掩码
PC_1	192.168.1.10	255.255.255.0
Server_1	192.168.1.100	255.255.255.0

5.3.2 HTTP 协议配置

依据网络拓扑图在各设备上配置相应的 IP 地址，在"命令提示符"中使用 ping 命令测试 PC_1、Server_1 之间的连通性，确保 PC_1、Server_1 相互都能 ping 通，在 Server_1 上部署 Web 站点，默认使用 80 端口。

5.3.3 HTTP 协议分析软件的配置

① 在 PC_1 上，运行 Microsoft Network Monitor 软件，在左下角的【Select Networks】列表中选择"本地连接"接口，如图 5-7 所示。

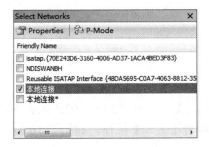

图 5-7 选择网络接口

② 单击【Properties】按钮，打开【Network Interface Configuration】网络接口配置窗口，选择【P-mode】复选框，即设置该网络接口为混杂模式，单击【OK】按钮，如图 5-8 所示。

图 5-8 设置网络接口为混杂模式

5.3.4 协议数据包的捕获

① 单击工具栏上的【New Capture】按钮，打开【Capture1】选项窗口，单击工具栏上的【Start】按钮抓取网络数据包，在【Frame Summary】中可以看到被捕获到的所有网络通信数据帧，如图 5-9 所示。

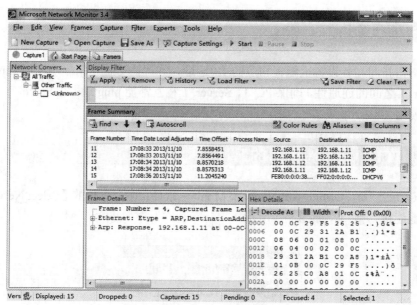

图 5-9　捕获的数据

② 在 PC_1 上，使用 IE 浏览器打开 "http://192.168.1.100" 网站，在网页中输入用户名 "admin"，密码 "admin888"，单击【进入】按钮，如图 5-10 所示。

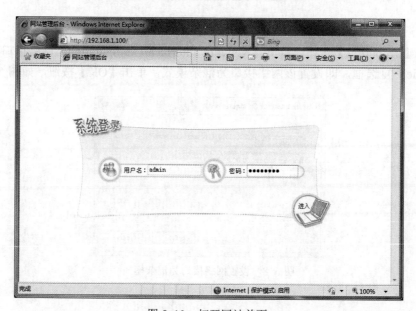

图 5-10　打开网站首页

③ 由于捕获到的数据帧内容较多，而用户只关心与 HTTP 有关的数据帧，因此还需要通过过滤器对这些捕获的数据进行筛选。在 Microsoft Network Monitor 软件的【Network Conversations】窗口中选择 "iexplore.exe" 应用程序，在【Frame Summary】窗口中显示出 "iexplore.exe" 应用程序产生的会话，如图 5-11 所示。

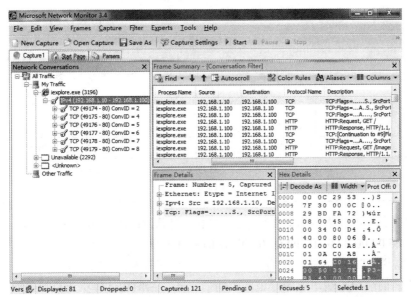

图 5-11　通过应用程序筛选数据

5.3.5　协议数据包的分析

（1）在【Frame Summary】窗口中 HTTP 协议数据包之前有三条 TCP 数据包，这三条 TCP 数据包为客户端与服务器之间的三次握手连接。选中第一条由 192.168.1.10 发往 192.168.1.100 的第一次握手数据包，在【Frame Details】窗口中，可以看到源端口为 49174、目的端口为 80、SequenceNumber 为 863943233（随机产生），AcknowledgementNumber 为 0，Flags 中的 SYN 为 1，如图 5-12 所示。

```
Frame Details                                                               ×
 ┌ Frame: Number = 5, Captured Frame Length = 66, MediaType = ETHERNET
 ├ Ethernet: Etype = Internet IP (IPv4),DestinationAddress:[00-0C-29-53-7F-30],SourceAddress:[00-0C
 ├ Ipv4: Src = 192.168.1.10, Dest = 192.168.1.100, Next Protocol = TCP, Packet ID = 212, Total IP L
 └ Tcp: Flags=......S., SrcPort=49174, DstPort=HTTP(80), PayloadLen=0, Seq=863943233, Ack=0, Win=81
    ┌ SrcPort: 49174
    ├ DstPort: HTTP(80)
    ├ SequenceNumber: 863943233 (0x337EBA41)
    ├ AcknowledgementNumber: 0 (0x0)
    ├ DataOffset: 128 (0x80)
    ├ Flags: ......S.
    ├ Window: 8192 ( Negotiating scale factor 0x2 ) = 8192
    ├ Checksum: 0x83E5, Disregarded
    └ UrgentPointer: 0 (0x0)
    ├ TCPOptions:
```

图 5-12　第一次握手

TCP 报文格式如表 5-2 所示。

表 5-2　TCP 报文格式

16 位源端口号							16 位目的端口号
32 位顺序号							
32 位确认序号							
4 位首部长度	6 位保留	U R G	A C K	P S H	R S T	S Y N	F I N	16 位窗口大小
16 位校验和							16 位紧急指针
选项							
数据							

　　从捕获的报文中可以分析出该 TCP 报文的报头信息为：c0 16 00 50 33 7e ba 41 00 00 00 00 80 02 20 00 83 e5 00 00 02 04 05 b4 01 03 03 02 01 01 04 02

　　端口号：常说 FTP 占 21 端口、HTTP 占 80 端口、TELNET 占 23 端口等，这里指的端口就是 TCP 或 UDP 的端口，端口就像通道两端的门一样，当两台计算机进行通信时门必须是打开的。源端口和目的端口各占 16 位，2 的 16 次方等于 65536，这就是每台计算机与其它计算机联系所能开的"门"。一般作为服务一方每项服务的端口号是固定的。本例目的端口号为 00 50，换算成十进制为 80，这正是 Web 服务器网站的默认端口。客户端的 IE 浏览时使用联系时随机开一个大于 1024 的端口，本例为 C0 16，换算成十进制为 49174。

　　32 位序号：也称为顺序号（Sequence Number），简写为 SEQ，从上面三次握手的分析可以看出，当一方要与另一方联系时就发送一个初始序号给对方，意思是："让我们建立联系吧？服务方收到后要发个独立的序号给发送方，意思是"消息收到，数据流将以这个数开始。"由此可看出，TCP 连接完全是双向的，即双方的数据流可同时传输。在传输过程中双方数据是独立的，因此每个 TCP 连接必须有两个顺序号分别对应不同方向的数据流。

　　32 位确认序号：也称为应答号（Acknowledgment Number），简写为 ACK。在握手阶段，确认序号将发送方的序号加 1 作为回答，在数据传输阶段，确认序号将发送方的序号加发送的数据大小作为回答，表示确实收到这些数据。

　　4 位首部长度：这个字段占 4 位，它的单位是 32 位（4 个字节）。本例值为 8，TCP 的头长度为 32 字节，等于正常的长度 20 字节加上可选项 12 个字节。TCP 的头长度最长可为 60 字节（二进制 1111 换算为十进制为 15，15*4 字节=60 字节）。

　　6 个标志位：

　　① URG 紧急指针，告诉接收 TCP 模块紧要指针域指着紧要数据

　　② ACK 置 1 时表示确认号（为合法，为 0 的时候表示数据段不包含确认信息，确认号被忽略。

　　③ PSH 置 1 时请求的数据段在接收方得到后就可直接送到应用程序，而不必等到缓冲区满时才传送。

　　④ RST 置 1 时重建连接。如果接收到 RST 位时候，通常发生了某些错误。

　　⑤ SYN 置 1 时用来发起一个连接。

　　⑥ FIN 置 1 时表示发端完成发送任务。用来释放连接，表明发送方已经没有数据发送了。

16 位窗口大小：TCP 的流量控制由连接的每一端通过声明的窗口大小来提供。窗口大小为字节数，起始于确认序号字段指明的值，这个值是接收端正期望接收的字节。窗口大小是一个 16 字节字段，因而窗口大小最大为 65535 字节。

16 位检验和：检验和覆盖了整个的 TCP 报义段： TCP 首部和 TCP 数据。这是一个强制性的字段，一定是由发端计算和存储，并由收端进行验证。

校验和在计算时需要构造伪头部信息，伪头部如表 5-3 所示，其中协议标示符为 0x06 表明是一个 TCP 报文。

表 5-3　TCP 伪头部信息表

源 IP 地址（32 位）		
目的 IP 地址（32 位）		
0（8 位）	协议标识符（8 位）	TCP 总长度（字节）（16 位）

该 TCP 报文的伪头部的信息为：c0 a8 01 0a c0 a8 01 64 00 06 00 20

TCP 报文的 checksum 的计算方法与 ICMP 报文的计算方法类似，将 TCP 伪头部与 TCP 报文一同参与计算，其计算方法如下：

① 首先将检验和部分为零；

② 然后将 TCP 伪头部部分，TCP 首部部分，数据部分都划分成 16 位的一个个 16 进制数，将这些数逐个相加：

0xc0a8+0x010a+0xc0a8+0x0164+0x0006+0x0020+0xc016+0x0050+0x337e+0xba41+0x0000+0x0000+0x8002+0x2000+0x0000+0x0000+0x0204+0x05b4+0x0103+0x0302+0x0101+0x0402=0x3e2cb

③ 再将高位加到低位上去：0x0003+0xe2CB=0xe2ce

④ 最后将得到的结果取反，则可以得到检验和为：0xffff-0xe2ce =0x1d31

16 位紧急指针：只有当 U R G 标志置 1 时紧急指针才有效。紧急指针是一个正的偏移量，和序号字段中的值相加表示紧急数据最后一个字节的序号。

选项：此字段位数是可变的，没用到的位用 0 填充使其长度为 32 比特。

选中第二条由 192.168.1.100 发往 192.168.1.10 的第二次握手数据包，在【Frame Details】窗口中，可以看到源端口为 80、目的端口为 49174、SequenceNumber 为 1053563260（随机产生），AcknowledgementNumber 为 863943234（863943233+1），Flags 中的 SYN 为 1，ACK 为 1，如图 5-13 所示。

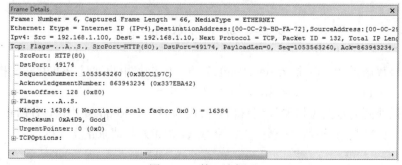

图 5-13　第二次握手

选中第三条由 192.168.1.10 发往 192.168.1.100 的第三次握手数据包，在【Frame Details】窗口中，可以看到源端口为 49174、目的端口为 80、SequenceNumber 为 863943234，AcknowledgementNumber 为 1053563261（1053563260+1），Flags 中的 ACK 为 1，如图 5-14 所示。

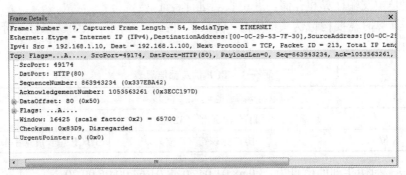

图 5-14　第三次握手

（2）在【Frame Summary】窗口中找出一条由 PC_1 发往 Server_1 的 HTTP Request 报文，使用 POST 方法提交数据至 admin_lg.asp 页面，如图 5-15 所示。

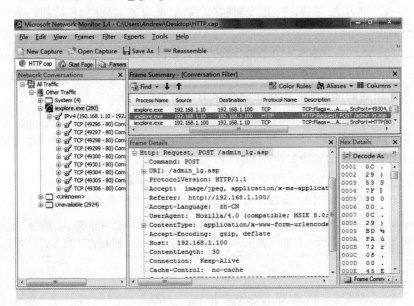

图 5-15　PC_1 上捕获的数据包

（3）选中该数据报文，在【Frame Details】窗口中查找用户通过 POST 方法提交的用户名和密码分别为"admin"和"admin888"，如图 5-16 所示。

通过上述捕获到的数据可以看到该 HTTP 协议为 HTTP Request 协议，HTTP Request 协议由 4 部分组成，分别是请求行、消息报头、空行（CRLF）和请求正文（可选）。

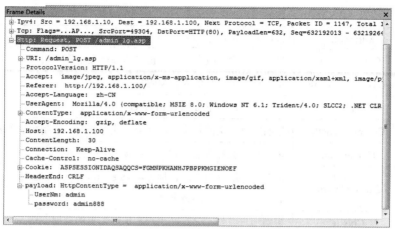

图 5-16 HTTP Request 报文 1

① 请求行：请求行以一个方法符号开头，以空格分开，后面跟着请求的 URI 和协议的版本，从图 5-16 中可以看出该数据包使用的是 POST 方法，POST 方法要求被请求服务器接受附在请求后面的数据，常用于提交表单。HTTP 的请求行中可以使用的主要方法见表 5-4。

表 5-4 HTTP 请求行中的主要方法

序号	请求方法	含义
1	GET	请求获取 Request-URI 所标识的资源
2	POST	在 Request-URI 所标识的资源后附加新的数据
3	HEAD	请求获取由 Request-URI 所标识的资源的响应消息报头
4	PUT	请求服务器存储一个资源，并用 Request-URI 作为其标识
5	DELETE	请求服务器删除 Request-URI 所标识的资源
6	TRACE	请求服务器回送收到的请求信息，主要用于测试或诊断
7	CONNECT	保留将来使用
8	OPTIONS	请求查询服务器的性能，或者查询与资源相关的选项和需求

② 消息报头：允许客户端向服务器端传递请求的附加信息以及客户端自身的信息，每一个报头域都是由名字+"："+空格+值组成。常用的消息报头见表 5-5。

表 5-5 HTTP Request 常用消息报头

序号	报头域	含义
1	Accept	Accept 请求报头域用于指定客户端接受哪些类型的信息。Eg：Accept：image/gif，表明客户端希望接受 GIF 图象格式的资源；Accept: text/html，表明客户端希望接受 html 文本
2	Referer	允许客户端指定请求 URI 的源资源地址
3	Accept-Language	Accept-Language 请求报头域类似于 Accept，但是它是用于指定一种自然语言
4	User-Agent	客户端操作系统的名称和版本

续表

序号	报头域	含义
5	Content-Type	指明发送给接收者的实体正文的媒体类型
6	Accept-Encoding	用于指定可接受的内容编码
7	Host	用于指定被请求资源的 Internet 主机和端口号
8	Content-Length	指明实体正文的长度，以字节方式存储的十进制数字来表示
9	Connection	客户端与服务器通信时对长链接的处理方式
10	Cache-Control	用于指定缓存指令，包括 no-cache、no-store、max-age、max-stale、min-fresh、only-if-cached
11	Cookie	辨别用户身份，储存在用户本地终端上的数据

③ 空行：如图 5-16 中所示，"HeaderEnd：CRLF"为消息报头与请求正文之间的空行。

④ 请求正文：如图 5-16 中所示，"payload"为 HTTP Request 报文的请求正文部分，其中包含了通过 Web 页面提交的用户名和密码分别为"admin"和"admin888"。

（4）在【Frame Summary】窗口中找出一条由 Server_1 发往 PC_1 的 HTTP Response 报文，StatusCode 为 200 的数据报文，如图 5-17 所示。

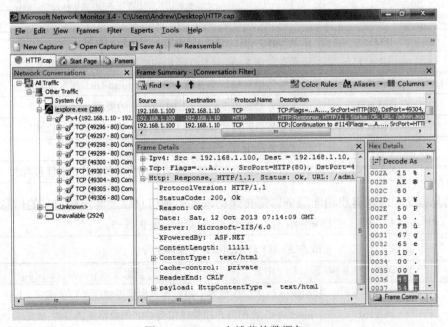

图 5-17　PC_1 上捕获的数据包

选中该数据报文，在【Frame Details】窗口中可以看到该 HTTP Response 报文的详细内容，如图 5-18 所示。其中与 HTTP Request 报文不同的报头域部分见表 5-6。

图 5-18　HTTP Request 报文 2

表 5-6　HTTP Response 常用消息报头

序号	报头域	含义
1	StatusCode	状态码，200 表示客户端请求已成功
2	Reason	表示状态代码的文本描述
3	Server	服务器用来处理请求的软件信息
4	XPoweredBy	表示网站是用什么技术开发的

本章总结

　　传输层为应用层提供会话和数据报通信服务。传输层的核心协议是 TCP 和 UDP。TCP 提供一对一的、面向连接的可靠通信服务。TCP 建立连接，对发送的数据包进行排序和确认，并恢复在传输过程中丢失的数据包。与 TCP 不同，UDP 提供一对一或一对多的、无连接的不可靠通信服务。

6

第 6 章
HTTPS 协议分析

HTTP 是浏览网页使用的协议，但是该协议传输的内容是未加密的内容，明文的内容很容易被窃听，一个用户输入的搜索内容、访问的网站以及输入的用户名和密码都有可能被窃听并被其他人获取。HTTP 目前是使用最广泛的应用层协议，使用明文传输的内容必须得到保护，网景（Netscape）公司设计了 SSL（Secure Socket Layer）协议用于对 HTTP 协议传输的数据进行加密，从而诞生了 HTTPS（Hypertext Transfer Protocol Secure）。TLS（Transport Layer Security）是 SSL 升级以后的名称，尽管目前人们使用的都是 TLS 协议，但大多数表达 HTTPS 使用的术语仍然是 SSL。HTTPS 可以理解为安全的 HTTP 协议，其本质就是在 HTTP 协议和 TCP 协议之间加入了 SSL/TLS 协议。

6.1　HTTPS 协议的主要任务

HTTPS 是超文本传输协议 HTTP 和 SSL/TLS 协议的组合，SSL/TLS 协议的优势在于它是与应用层协议独立的，这意味着 SSL/TLS 协议不但可以和 HTTP 进行组合，也可以和 FTP、Telnet 等应用层协议进行组合。SSL/TLS 协议在应用层通信之前已经完成通信两端的安全协商。HTTPS 要完成两个主要任务，一个任务是确认网站（也可以是网站和客户端）的真实性；另一个任务就是建立一个安全的加密通道，保障数据传输的安全。

6.1.1　确认网站和客户端的真实性

数字身份认证是通过信任关系的传递来实现的，两个通信实体尽管素不相识，但是都信任另一个实体，被信任的这个实体称为身份认证机构，这个机构通过颁发标识实体信息的数字证书来方便实体间互相确认身份，就像是素不相识的人互相出示身份证来确认对方的真实信息，因为大家都相信身份证的颁发机构。图 6-1 给出了客户端和 Web 服务器建立信任关系的简要过程。

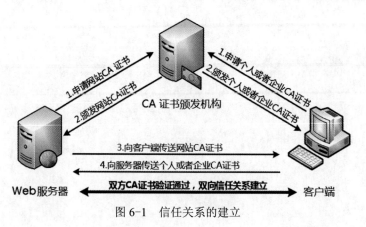

图 6-1　信任关系的建立

采用 HTTPS 的网站需要去一个数字证书认证机构申请一个 CA（Certificate Authority）证书，该证书证明了网站的真实性和提供的服务类型，用户访问使用 HTTPS 技术网站的时候，首先通过获取证书确认访问的服务器是正确的服务器来确认网站的真实性，接入的客户端通过信任服务器的 CA 证书来信任接入的主机；客户在登录网站时提供的登录名和密码并不能有效地提供客户端的真实身份，客户端证书就是通过数字证书颁发机构认证的 CA 证书，该证书主要目的是确认接入客户端的身份。其任务的目标是确保数据发送到正确的服务器（服务器 CA 证书）和客户机（客户机 CA 证书）。

目前银行系统的网站主要使用服务端 CA 证书来证实主机的真实性，同时针对企业用户和部分特殊用户使用客户端 CA 证书（目前很多银行使用 U 盘来存储企业和个人 CA 证书）来确认接入的客户端的身份。

6.1.2 双方通信内容的加密

在完成网站所在服务器的身份验证以后，客户端会产生一个用于加密通信的"对称密钥"，对称密钥的概念很容易理解，就是使用同一个密码进行加密和解密，发送方使用该密码进行加密，接收方使用同一个密码进行解密，这就是"对称"的含义。但随之带来的挑战是怎么将这个密码告诉对方，因为在密码传输的过程中一样会被未授权的访问者捕获，这个时候就需要"非对称密钥"，非对称密钥包含一个公钥和一个私钥，两个密钥截然不同，而且不能从一个密钥推导出另一个密钥，如果使用公钥进行加密，私钥就用于解密，反之亦然。

客户端使用服务器端 CA 证书中的公钥对"对称密钥"进行加密，然后将加密的数据传给服务器，因为使用公钥加密的数据只能使用私钥进行解密，私钥只存储在服务器上，所以服务器使用对应于 CA 证书公钥的私钥来解密"对称密钥"，并在以后的网站通信中使用该"对称密钥"对传输内容进行加密后发往客户端，客户端同样使用该"对称密钥"解密网站发来的内容并使用该"对称密钥"加密要发往网站的数据。

"对称密钥"加密和解密速度要比"非对称密钥"的速度快的多，SSL 利用上述的方法，使用"非对称密钥"（证书的公钥来加密，服务器存储的私钥来解密）来解决"对称密钥"的传输问题，同时利用"对称密钥"高效地对通信内容进行加解密，避免了"非对称密钥"的效率问题。图 6-2 表达了密钥交换的基本过程。

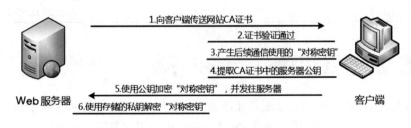

图 6-2　密钥交换的基本过程

6.2　使用 HTTPS 访问 Web 网站

使用 HTTP 访问一个 Web 网站和使用 HTTP+SSL 访问一个 Web 网站在用户看来没什么明

显的不同，用户如果使用 HTTP+SSL 访问一个 Web 网站，仅仅是使用将以前在地址栏输入的
"http://域名"改为"https://域名"；但是对于传输层协议来讲访问的端口号由 Web 的 TCP 标准
端口号 80 改为访问服务器的 TCP 标准端口号 443。

6.3 应用案例分析

通过使用软件抓包，分析 HTTPS 报文结构，找出用户通过浏览器提交的用户名及密码
密文。

6.3.1 案例拓扑和配置参数

使用一台 Windows 7 虚拟机，一台 Windows 2003 虚拟机，其网络拓扑结构如图 6-3 所示，
其 TCP/IP 协议详细参数配置见表 6-1。

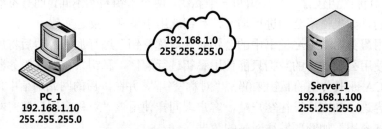

图 6-3　HTTPS 协议分析网络拓扑结构

表 6-1　HTTPS 协议分析详细参数配置表

设备名称	IP 地址	子网掩码
PC_1	192.168.1.10	255.255.255.0
Server_1	192.168.1.100	255.255.255.0

6.3.2 SSL 网站的配置

① 依据网络拓扑图在各设备上配置相应的 IP 地址，在"命令提示符"中使用 ping 命令测
试 PC_1、Server_1 之间的连通性，确保 PC_1、Server_1 相互都能 ping 通。

② 在 Server_1 上配置 SSL 加密。由于 Windows 2003 上建立的 IIS 站点默认是使用 HTTP
协议，需要配置 SSL 加密才能使用 HTTPS 协议，在使用 SSL 加密前，需要在 Windows 2003
上安装证书服务。选择【开始】|【程序】|【控制面板】|【添加/删除程序】|【添加/删除 Windows
组件】菜单命令，打开【Windows 组件向导】对话框，在【Windows 组件】列表框中选择【证
书服务】，单击【下一步】按钮，如图 6-4 所示。

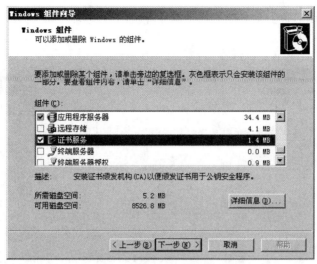

图 6-4　添加证书服务组件

打开【Microsoft 证书服务】安装确认对话框，单击【是】按钮，如图 6-5 所示。

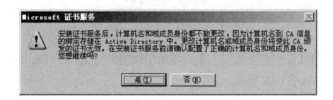

图 6-5　证书服务安装确认对话框

在打开的【Windows 组件向导】对话框中选择【独立根】选项，单击【下一步】按钮，如图 6-6 所示。

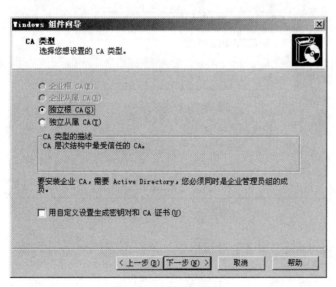

图 6-6　设置 CA 类型

在【此 CA 的公用名称】文本框中输入本计算机的 IP 地址，如 "192.168.1.100"，单击【下一步】按钮，如图 6-7 所示。

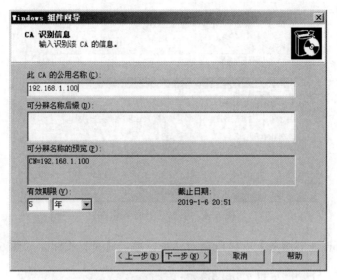

图 6-7　设置 CA 的公用名称

在【证书数据库】和【证书数据库日志】文本框中保留默认值 "C:\Windows\System32\CertLog\"，单击【下一步】按钮，如图 6-8 所示。

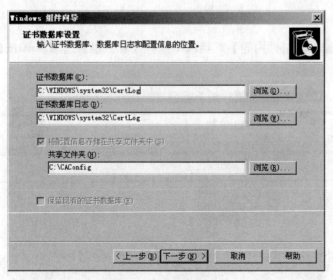

图 6-8　设置证书数据库

在打开的【Windows 证书服务】对话框中，单击【是】按钮，暂时停止 Internet 信息服务，如图 6-9 所示。

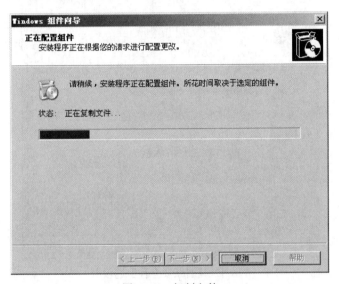

图 6-9　暂时停止 Internet 信息服务

开始复制文件到本地磁盘，如图 6-10 所示。

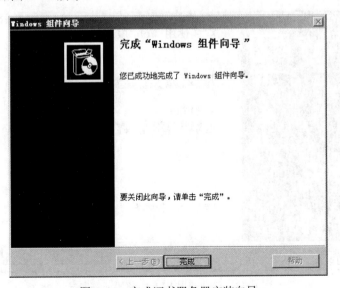

图 6-10　复制文件

文件复制完成后，在【完成"Windows 组件向导"】对话框中单击【完成】按钮，结束证书服务器的安装，如图 6-11 所示。

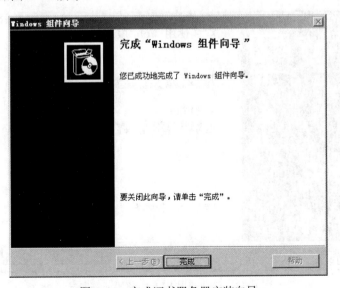

图 6-11　完成证书服务器安装向导

③ 配置证书。通过 IIS 证书向导配置需要的证书文件。选择【开始】|【程序】|【控制面板】|【管理工具】菜单命令，打开【Internet 信息服务管理器】窗口，展开左侧的目录树，展开【网站】，选中【默认网站】，单击鼠标右键，在弹出的快捷菜单中选择【属性】菜单命令，打开【默认网站属性】对话框，单击【目录安全性】选项卡，如图 6-12 所示。

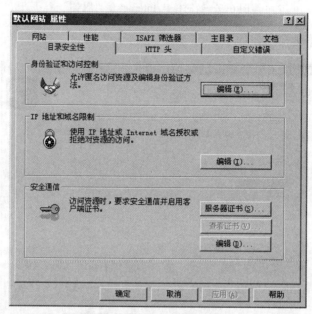

图 6-12　【目录安全性】选项卡

单击【服务器证书】按钮，打开【欢迎使用 Web 服务器证书向导】对话框，单击【下一步】按钮，如图 6-13 所示。

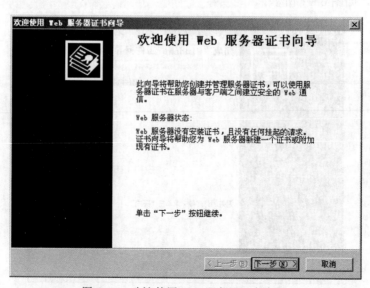

图 6-13　欢迎使用 Web 服务器证书向导

选择【新建证书】单选项，单击【下一步】按钮，如图 6-14 所示。

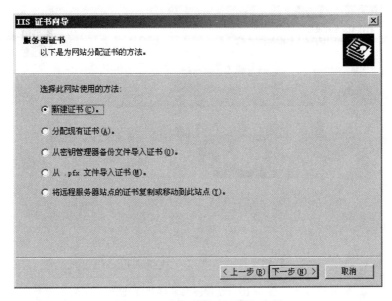

图 6-14 选择【新建证书】选项

选择【现在准备证书请求，但稍后发送】单选框，单击【下一步】按钮，如图 6-15 所示。

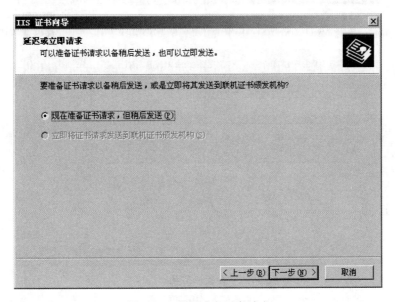

图 6-15 选择准备证书请求

在【名称】文本框中输入新证书名称，默认值为"默认网站"，在【位长】下拉列表框中选择"512"，单击【下一步】按钮，如图 6-16 所示。

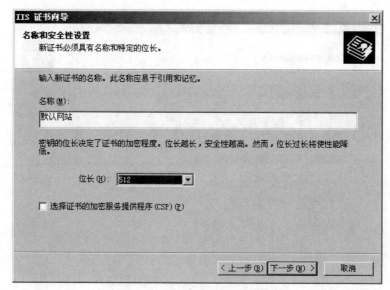

图 6-16　设置证书名称及位长

在【单位】文本框中输入单位信息，如"ccit"，在【部门】文本框中输入部门信息，如"wt"，单击【下一步】按钮，如图 6-17 所示。

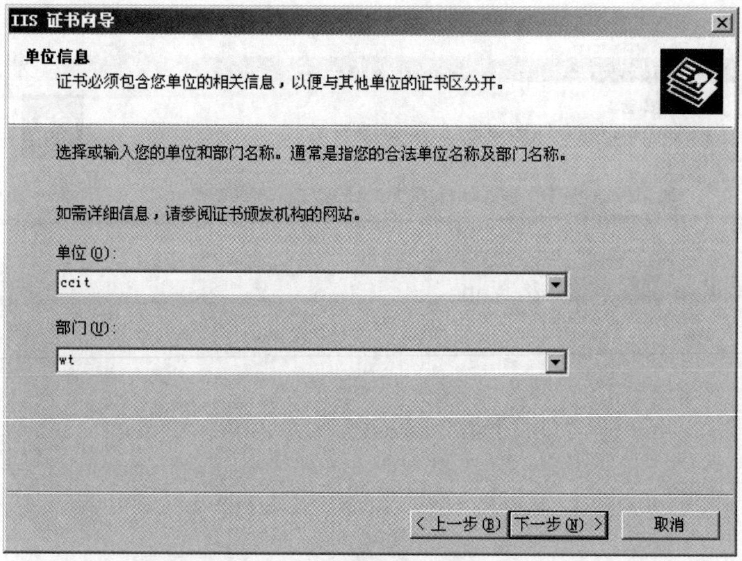

图 6-17　设置单位和部门信息

在【公用名称】文本框中输入站点的公用名称，如"localhost"，单击【下一步】按钮，如图 6-18 所示。

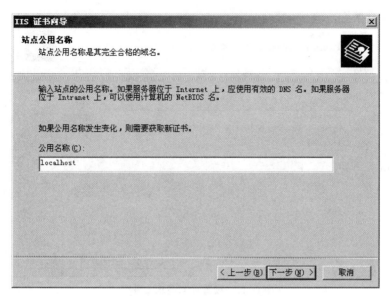

图 6-18　设置站点公用名称

设置证书的地理信息，在【国家（地区）】下拉列表框中选择【CN（中国）】选项，在【省/自治区】文本框中输入"js"，在【市县】文本框中输入"cz"，单击【下一步】按钮，如图 6-19 所示。

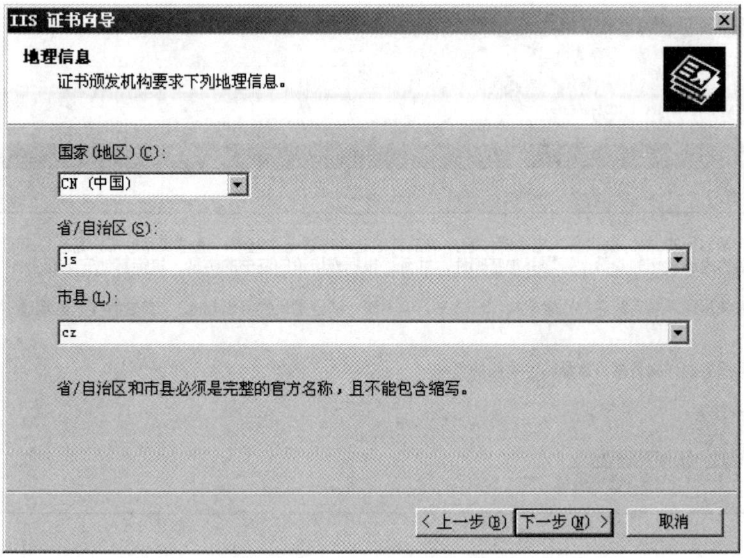

图 6-19　设置证书地理信息

在【文件名】文本框中输入证书请求的文件存放文字及文件名，如"c:\certreq.txt"，单击【下一步】按钮，如图 6-20 所示。

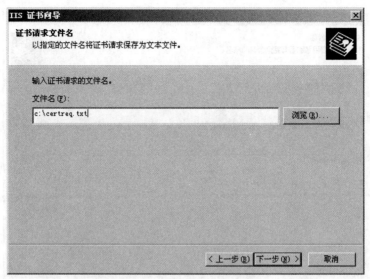

图 6-20　设置证书请求文件名

核对证书请求文件摘要信息，单击【下一步】按钮，在【完成 Web 服务器证书向导】对话框中单击【确定】按钮，证书请求文件保存在 "c:\certreq.txt" 文件中。

④ 申请证书。配置好 IIS 所需的证书请求文件后，可以根据该证书请求文件内容进行证书申请了。在 Server_1 主机上，打开 IE 浏览器，在地址栏中输入 http://192.168.1.100/certsrv/，打开证书服务窗口，如图 6-21 所示。

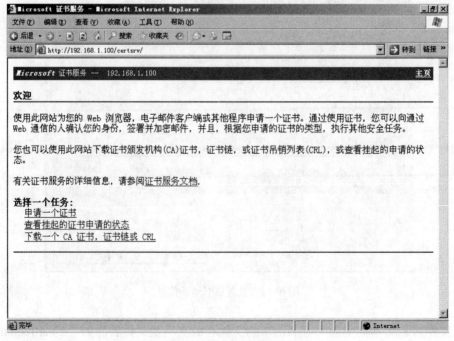

图 6-21　证书服务窗口

单击【申请一个证书】超链接，在【申请一个证书】页面单击【高级证书申请】超链接，如图 6-22 所示。

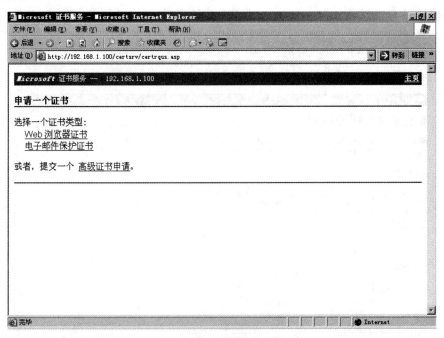

图 6-22　高级证书申请

在【高级证书申请】页面单击【使用 base64 编码的 CMC 或 PKCS #10 文件提交一个证书申请，或使用 base64 编码的 PKCS #7 文件续订证书申请】超链接，如图 6-23 所示。

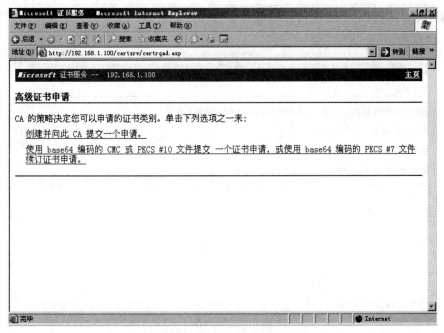

图 6-23　选择提交证书申请方式

在【Base-64 编码的证书申请】文本框中输入证书请求的内容，单击【浏览要插入的文件】超链接，打开【打开文件】对话框，选择 "c:\certreq.txt" 文件，单击【打开】按钮，【Base-64 编码的证书申请】文本框中将显示 "c:\ certreq.txt" 文件中的内容，单击【提交】按钮，如图 6-24 所示。

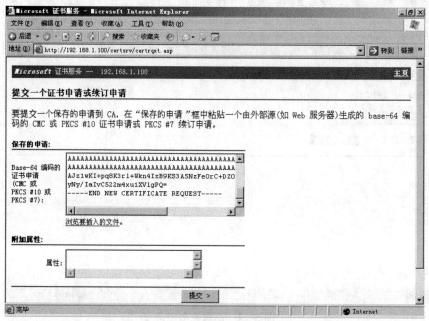

图 6-24　选择证书请求文件

打开【证书挂起】页面，如图 6-25 所示。说明证书申请已经收到，等待管理员通过申请认证。

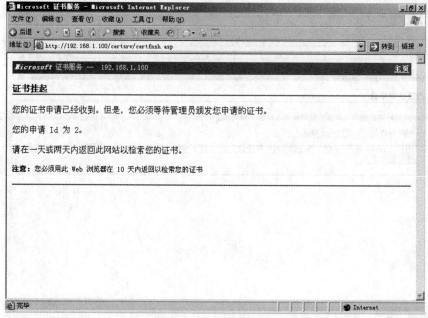

图 6-25　证书挂起

⑤ 颁发证书。证书申请后还需要 Server_1 的管理员手动颁发该证书才能使之生效。选择【开始】|【程序】|【管理工具】|【证书颁发机构】菜单命令，打开【证书颁发机构】窗口，在左侧窗口中选择【挂起的申请】选项，查看右侧的窗口列表，刚才提交的证书申请赫然在目，如图 6-26 所示。

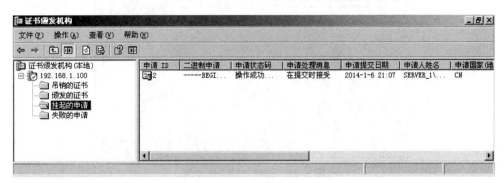

图 6-26　挂起的申请证书

选择该挂起的证书，单击鼠标右键，在弹出的快捷菜单中选择选择【所有任务】|【颁发】菜单命令，这时这个待定申请证书将转移到【颁发的证书】目录下。在【颁发的证书】下找到刚才的证书，双击打开，并在【证书】窗口中单击【详细信息】选项卡，单击【复制到文件】按钮，如图 6-27 所示。

在打开的【证书导出向导】对话框中，单击【下一步】按钮，在【导出文件格式】对话框中选择【DER 编码二进制 X.509】选项，单击【下一步】按钮，如图 6-28 所示。

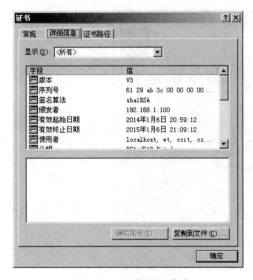

图 6-27　证书详细信息

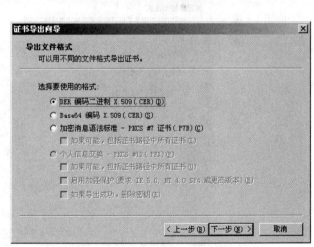

图 6-28　选择证书导出文件格式

在【文件名】文本框中输入需要导出的文件的存放位置，单击【下一步】按钮，如图 6-29 所示。

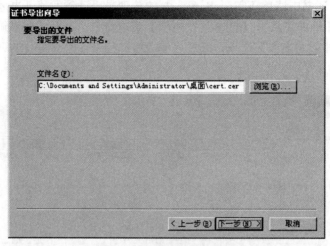

图 6-29　选择文件导出位置

单击【证书导出成功】对话框中的【确定】按钮，返回【证书导出向导】对话框，单击【完成】按钮。

⑥ 配置 IIS 的 SSL 安全加密功能。打开【Internet 信息服务管理器】窗口，展开左侧的目录树，展开【网站】，选择【默认网站】，单击鼠标右键，在弹出的快捷菜单中选择【属性】菜单命令，打开【默认网站属性】对话框，单击【目录安全性】选项卡，单击【服务器证书】按钮，打开【欢迎使用 Web 服务器证书向导】对话框，单击【下一步】按钮，选择【处理挂起的请求并安装证书】单选项，如图 6-30 所示。

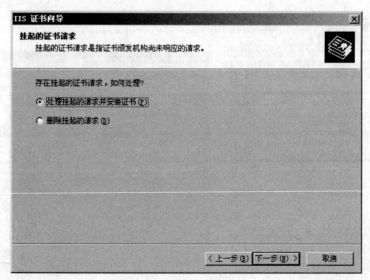

图 6-30　选择安装证书

单击【浏览】按钮，选择导出在桌面上的证书文件"cert.cer"，单击【下一步】按钮，如图 6-31 所示。

74

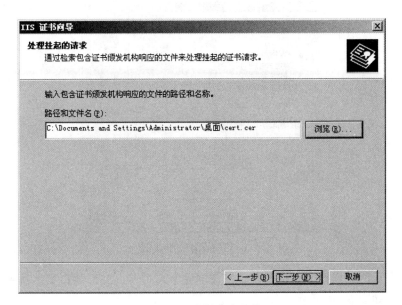

图 6-31 安装证书文件

在【此网站应该使用的 SSL 端口】文本框中设置端口值，默认为"443"，单击【下一步】按钮，如图 6-32 所示。

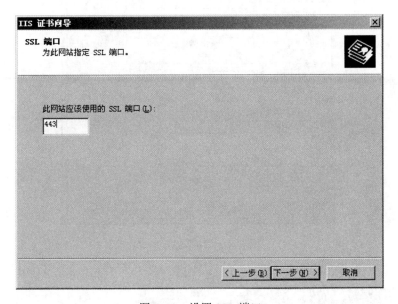

图 6-32 设置 SSL 端口

核对证书摘要信息，单击【下一步】按钮，在【完成 Web 服务器证书向导】对话框中单击【完成】按钮结束证书的安装。返回【默认网站属性】对话框，单击【目录安全性】选项卡，单击【编辑】按钮，在打开的【安全通信】对话框中选择【要求安全通道】复选框，选择【忽略客户端证书】单选项，单击【确定】按钮，如图 6-33 所示。

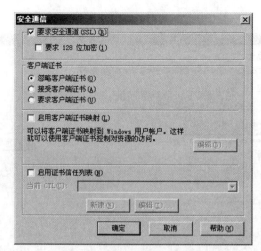

图 6-33　设置安全通信

返回到【默认网站属性】对话框，单击【网站】选项卡，SSL 端口文本框中已经配置了端口信息"443"，如图 6-34 所示。

图 6-34　查看 SSL 端口

6.3.3 协议分析软件的配置

在 PC_1 上，运行 Microsoft Network Monitor 软件，在左下角的【Select Networks】列表中选择"本地连接"接口，如图 3-5 所示。

单击【Properties】按钮，弹出【Network Interface Configuration】网络接口配置窗口，选择【P-mode】复选框，即设置该网络接口为混杂模式，单击【OK】按钮，如图 6-35 所示。

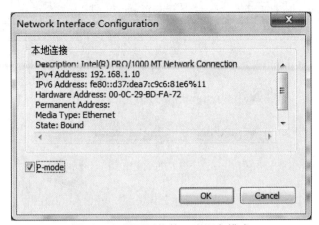

图 6-35　设置网络接口为混杂模式

6.3.4　协议数据包的捕获

① 单击工具栏上的【New Capture】按钮，打开【Capture1】选项窗口，单击工具栏上的【Start】按钮抓取网络数据包，在【Frame Summary】中可以看到被捕获到的所有网络通信数据帧，如图 6-36 所示。

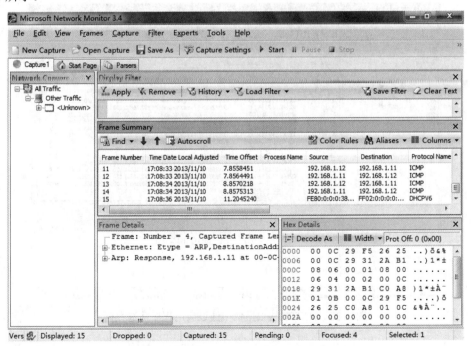

图 6-36　HTTPS 协议案例捕获的数据

② 在 PC_1 上，使用 IE 浏览器打开 "https://192.168.1.100" 网站，在网页中输入用户名 "admin"，密码 "admin888"，单击【进入】按钮，如图 6-37 所示。

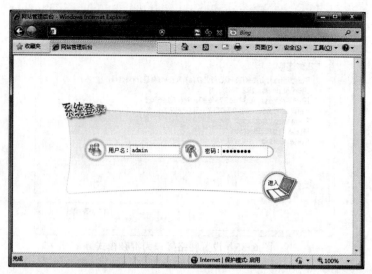

图 6-37　HTTPS 协议案例打开网站首页

　　③ 由于捕获到的数据帧内容较多，而人们只关心与 HTTP 有关的数据帧，因此我们还需要通过过滤器对这些捕获的数据进行筛选。在 Microsoft Network Monitor 软件的【Network Conversations】窗口中选择"iexplore.exe"应用程序，在【Frame Summary】窗口中显示出"iexplore.exe"应用程序产生的会话，如图 6-38 所示。

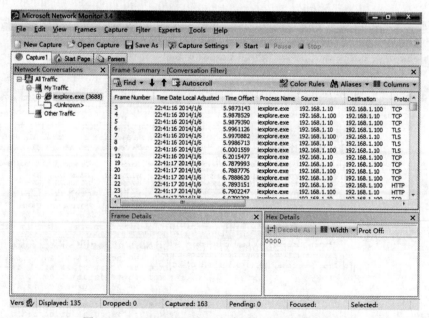

图 6-38　HTTPS 协议案例中通过应用程序筛选数据

<div class="section-title">6.3.5　协议数据包的分析</div>

　　在【Frame Summary】窗口中 HTTP 协议数据包之前有 3 条 TCP 数据包，该 3 条 TCP 数据

包为客户端与服务器之间的 3 次握手连接。在 3 次握手协议后是 4 条 SSL 协议，该 4 条报文为握手阶段，需要协商密码组，身份验证和数据通信过程中使用的方式，如图 6-39 所示。

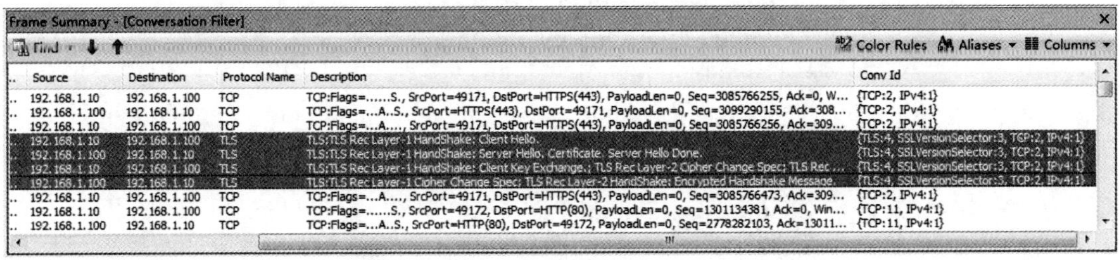

图 6-39 SSL 握手阶段

① 选择第 1 条由 192.168.1.10 发往 192.168.1.100 的数据包，在【Frame Details】窗口中，可以看到客户端向服务器发送客户 SSL 版本号 "TLS 1.0"、握手类型为 "ClientHello"、随机数（32 位时间戳 "01/06/2014，14:41:16.0000 UTC" 和 28 字节随机序列）、会话 ID、客户支持的密码算法列表（TLSCipherSuite）和客户支持的压缩算法列表，如图 6-40 所示。

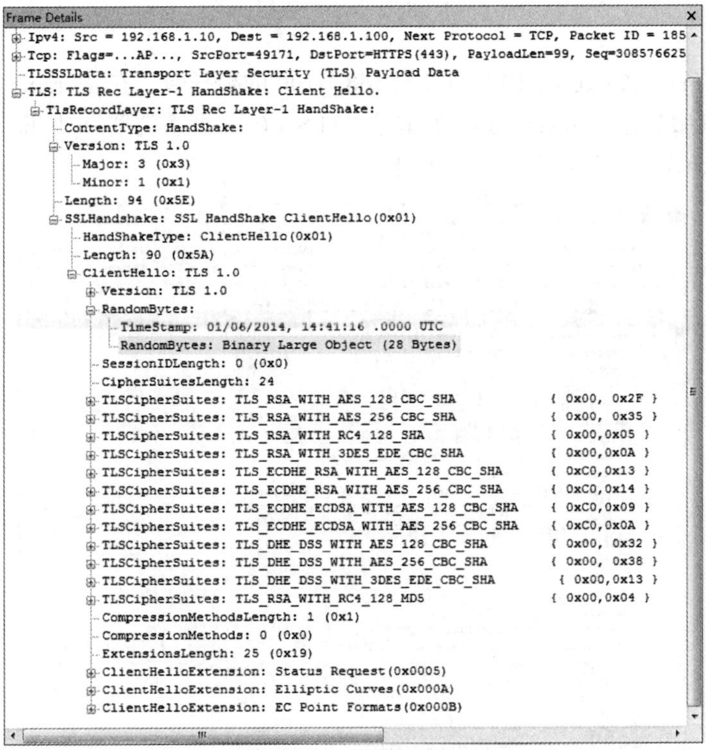

图 6-40 SSL 握手阶段第 1 阶段

② 选择第 2 条由 192.168.1.100 发往 192.168.1.10 的数据包，在【Frame Details】窗口中，可以看到服务器向客户端发送服务器的 SSL 版本号 "TLS 1.0"、SSL 版本号 "TLS 1.0"、握手类型为 "Server Hello Done"、从客户信息中选择的加密算法和压缩算法，另外服务器也发送自己的证书证明身份，如图 6-41 所示。

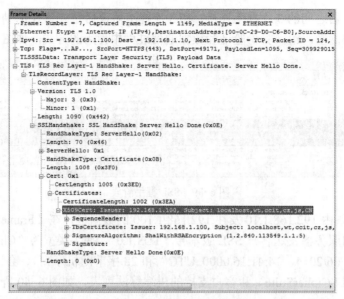

图 6-41　SSL 握手阶段第 2 阶段

③ 选择第 3 条由 192.168.1.10 发往 192.168.1.100 的数据包，在【Frame Details】窗口中，可以看到客户端向服务器发送客户 SSL 版本号"TLS 1.0"、握手类型为"Client Key Exchange"、发送"Change Cipher Spec"消息，如图 6-42 所示。

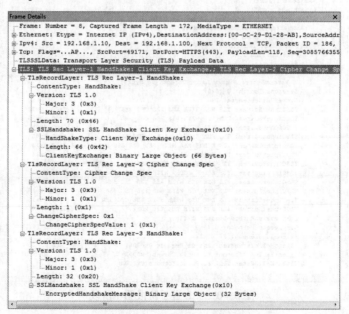

图 6-42　SSL 握手阶段第 3 阶段

④ 选择第 4 条由 192.168.1.100 发往 192.168.1.10 的数据包，在【Frame Details】窗口中，可以看到客户端向服务器发送客户 SSL 版本号"TLS 1.0"、服务器发送此消息表明支持 Cipher Change Spec，后面的握手消息（Encrypted Handshake Message）使用服务器的密钥加密。至此握手过程完

成。客户端和服务器段建立起一个安全的连接，用此连接传输应用层数据，如图 6-43 所示。

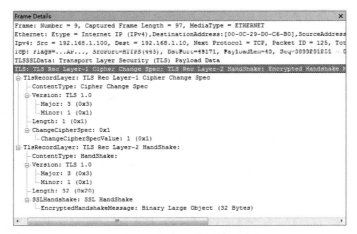

图 6-43　SSL 握手阶段第 4 阶段

通过 SSL 握手以后传输的应用层的数据将被加密，因此从捕获的报文中无法再查看到客户端在浏览器中提交的用户名和密码的明文。

本章总结

超文本传输协议 HTTP 协议被用于在 Web 浏览器和网站服务器之间传递信息。HTTP 协议以明文方式发送内容，不提供任何方式的数据加密，如果攻击者截取了 Web 浏览器和网站服务器之间的传输报文，就可以直接读懂其中的信息，因此 IITTP 协议不适合传输一些敏感信息，比如信用卡号、密码等。安全套接字层超文本传输协议 HTTPS 能很好的解决 HTTP 协议的这一缺陷，为了数据传输的安全，HTTPS 在 HTTP 的基础上加入了 SSL 协议，SSL 依靠证书来验证服务器的身份，并为浏览器和服务器之间的通信加密。

7

第 7 章
IPsec 协议分析

IPsec（Internet Protocol Security）的全称是 Internet 协议安全，它是一组协议和算法的组合，IPsec 提供了 Internet 安全通信的一系列规范，为私有信息通过不安全的公用网络建立安全隧道来实现对数据的保护。IPsec 工作在网络层，可以透明地保护各种上层协议，IPsec 即适用于目前使用的 IPv4，也适用于下一代 IP 协议 IPv6。IPsec 规范非常复杂，本章仅介绍 IPsec 的应用场景和体系结构。

7.1　IPsec 的主要任务

IPsec 使用一组协议来完成网络安全的三个要素：机密性、完整性和可验证性。

① 机密性意味着通信两端发送的数据在传输过程中不会被破译。IPsec 使用多种不同的加密算法来对传输的明文数据进行加密，保证数据在传输过程的机密性。

② 完整性意味着通信两端发送的数据在传输过程中不会被篡改。IPsec 使用校验和哈希算法来维护数据包在传输过程中的完整性，如果接收方检查校验失败那么会丢弃这个数据包。

③ 可验证性意味着数据的接收和发送的目标来自于可信任的通信实体。IPsec 使用 AH（Authentication Header，验证头）来定义验证或 ESP（Encapsulating Security Payload，封装净荷负载）来定义验证的方法。这两种方法使用基于公钥和私钥的非对称密钥算法来验证数据来源是否可信任。

AH 可以同时提供数据完整性确认、数据来源确认、防重放攻击等安全特性，AH 常用摘要算法（单向 Hash 函数）MD5 和 SHA1 实现这些特性，该协议使用较少；ESP 协议可以同时提供数据完整性确认、数据加密、防重放攻击等安全特性，ESP 通常使用 DES、3DES、AES 等加密算法实现数据加密，使用 MD5 或 SHA1 来实现数据完整性，该协议使用非常广泛。

AH 无法提供数据加密，所有数据在传输时以明文传输，而 ESP 提供数据加密；其次 AH 提供数据来源确认（源 IP 地址一旦改变，AH 校验失败），该协议无法穿越 NAT。以上两点是 AH 协议使用较少的主要原因。

7.2　IPsec 的应用场景

IPsec 的应用场景主要有三个：End-to-End（端点到端点）表示两个主机间（PC_1，PC_2）使用 IPsec 会话来实现通信安全，如图 7-1 所示。

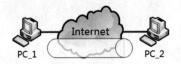

图 7-1　端点到端点

End-to-Site（端点到站点，也叫端点到网关）表示两个主机间（PC_1，PC_2）使用站点（Site_1）到异地端点（PC_1）之间的 IPsec 来实现通信安全，如图 7-2 所示。

图 7-2　端点到站点

Site-to-Site（站点到站点，也叫网关到网关）表示两个主机间（PC_1，PC_2）使用站点（Site_1）到另一个站点（Site_2）之间的 IPsec 来实现通信安全，如图 7-3 所示。

图 7-3　站点到站点

7.3　IPsec 的实现模式

IPsec 在工作时有两种模式：隧道模式和传输模式。这两种模式的关键性区别就在于传输模式在 AH、ESP 处理前后 IP 头部保持不变，只能用于 End-to-End 的应用场景；隧道模式则在 AH、ESP 处理之后再封装了一个外网 IP 头，可以用于 End-to-End、Site-to-Site 和 End-to-Site 的应用场景。IPsec 的隧道模式的主要作用是构建 VPN（Virtual Private Network，虚拟专用网）。

在 IPsec 隧道模式实现的 Site-to-Site 和 End-to-Site 的应用场景中，隧道只存在于两个站点之间和端点到站点之间的不安全网络（Internet），数据包在进入内部网络（Intranet）之前会将数据包中的 ESP（或者 AH）头去掉并解密传输的内容，数据包成为标准的 IP 数据包后在内部网络中传输。

7.4　应用案例分析

通过使用软件抓包，分析 IPSec 报文结构，理解 IPSec 通信过程。

7.4.1　案例拓扑和配置参数

使用两台 Windows 7 虚拟机，其网络拓扑结构如图 7-4 所示。

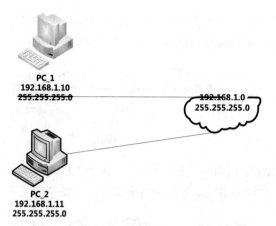

图 7-4　IPSec 协议分析网络拓扑结构

其 TCP/IP 协议详细参数配置见表 7-1。

表 7-1　IPSec 应用案例 HTTP 协议分析详细参数配置表

设备名称	IP 地址	子网掩码
PC_1	192.168.1.10	255.255.255.0
PC_2	192.168.1.11	255.255.255.0

7.4.2　IPSec 传输模式配置

① 依据网络拓扑图在各设备上配置相应的 IP 地址，在"命令提示符"中使用 ping 命令测试 PC_1、PC_2 之间的连通性，确保 PC_1、PC_2 相互都能 ping 通。

② 在 PC_1 上配置 IPSec 策略。在 PC_1 上选择【开始】|【程序】|【控制面板】|【系统和安全】|【管理工具】菜单命令，在打开的窗口中双击【本地安全策略】图标，打开【本地安全策略】窗口，如图 7-5 所示。

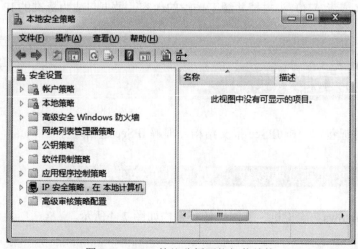

图 7-5　IPSec 协议分析网络拓扑结构

选择【IP 安全策略，在本地计算机】选项，在右侧区域右击，在弹出的快捷菜单中选择【创建 IP 安全策略】菜单命令，打开【IP 安全策略向导】对话框，单击【下一步】，在【名称】文本框中输入一个策略名称，如"IPSec 安全通信"，如图 7-6 所示。

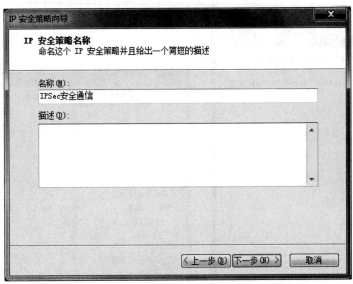

图 7-6 IPSec 安全策略名称

单击【下一步】按钮，在【安全通信请求】对话框中取消【激活默认响应规则】的复选框，以避免默认规则与自己创建的规则产生冲突，如图 7-7 所示。

单击【下一步】按钮，打开【正在完成 IPsec 安全策略向导】对话框，选择【编辑属性】复选框后，单击【完成】按钮，打开【IPSec 安全通信 属性】对话框，如图 7-8 所示。

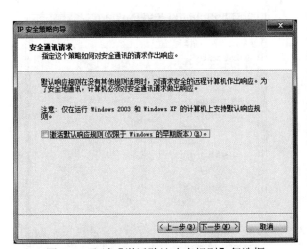

图 7-7 取消【激活默认响应规则】复选框

图 7-8 【IPSec 安全通信 属性】对话框

取消选择【使用"添加向导"】复选框，单击【添加】按钮，打开【新规则 属性】对话框，如图 7-9 所示。

单击【IP 筛选器列表】选项卡，单击【添加】按钮，打开【IP 筛选器列表】对话框。在【名称】文本框中输入名称，如"IPSec 通信"，取消选择【使用"添加向导"】复选框，如图 7-10所示。

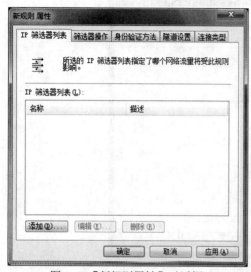

图 7-9　【新规则属性】对话框

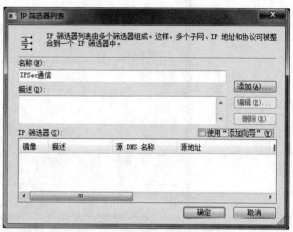

图 7-10　【IP 筛选器列表】对话框

单击【添加】按钮，打开【IP 筛选器 属性】对话框，单击【地址】选项卡，将【源地址】设置成"一个特定的 IP 地址或子网"，即 PC_2 的 IP 地址"192.168.1.11"，将目标地址设为"我的 IP 地址"，即 PC_1 的 IP 地址。并选择【镜像】复选框，如图 7-11 所示。

单击【协议】选项卡，在【选择协议类型】下拉列表框中选择【任何】选项，如图 7-12所示。

图 7-11　【IP 筛选器属性】对话框

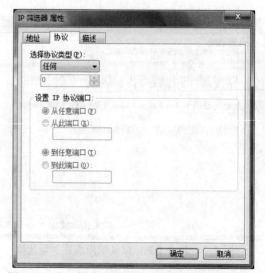

图 7-12　【IP 筛选器属性】对话框【协议】选项卡

单击【确定】按钮，返回【IP 筛选器列表】对话框，在【IP 筛选器列表】框中能看到刚才添加的筛选器，如图 7-13 所示。

单击【确定】按钮，返回【新规则属性】对话框，单击【IP 筛选器列表】选项卡，在【IP 筛选器列表】列表中选择刚才添加的"IPSec 通信"筛选器，如图 7-14 所示。

图 7-13　添加后的筛选器

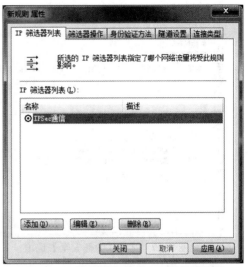

图 7-14　选择添加的 IPSec 通信筛选器

单击【筛选器操作】选项卡，继续设置对筛选器进行的操作，如图 7-15 所示。

取消选择【使用"添加向导"】复选框，单击【添加】按钮，打开【新筛选器操作属性】对话框。单击【常规】选项卡，在【名称】文本框中输入名称，如"加密"，如图 7-16 所示。

图 7-15　筛选器操作选项卡

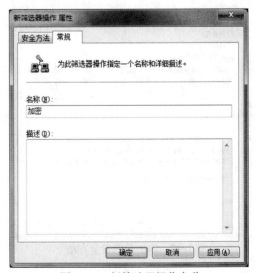

图 7-16　新筛选器操作名称

　　单击【安全方法】选项卡，选择【协商安全】选项，如图 7-17 所示。

　　单击【添加】按钮，打开【新增安全方法】对话框，选择【完整性和加密】选项，如图 7-18 所示。

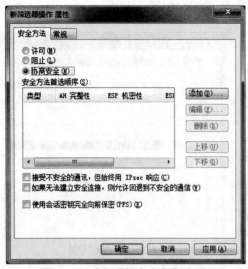

图 7-17　选择【协商安全】选项

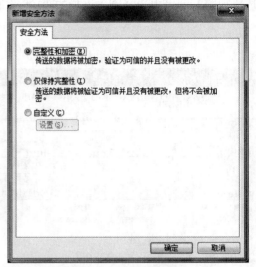

图 7-18　新增安全方法

　　单击【确定】按钮，返回【新筛选器操作属性】对话框，可以看到新添加的安全方法，如图 7-19 所示。

　　单击【确定】按钮，返回【新规则属性】对话框，单击【筛选器操作】选项卡，在【筛选器操作】列表框中选择刚才添加的"加密"操作方法，如图 7-20 所示。

图 7-19　添加后的安全方法

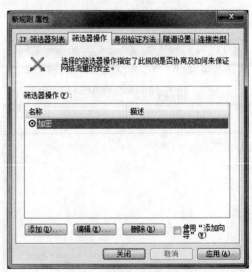

图 7-20　选择加密操作方法

　　单击【身份验证方法】选项卡，选择默认的"Kerberos"身份验证方法，单击【编辑】按钮，如图 7-21 所示。

在打开的【身份验证方法 属性】对话框中选择【使用此字符串】选项，并在其文本框中输入预设的预共享密钥，如"ABC123"，如图 7-22 所示。

图 7-21 身份验证方法

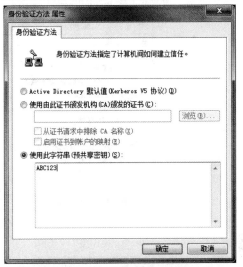

图 7-22 设置预共享密钥

单击【确定】按钮，返回【本地安全策略】对话框，在右侧区域能看到刚才创建的 IP 安全策略"IPSec 安全通信"，如图 7-23 所示。

③ 在 PC_2 上配置 IPSec 策略配置策略的方法与 PC_1 上类似，不同之处在于设置"IP 筛选器属性"时，需要将"源地址"指定为 PC_1 的 IP 地址"192.168.1.10"，如图 7-24 所示。

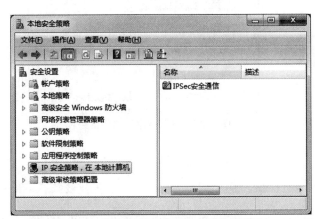

图 7-23 创建好的 IPSec 安全通信策略

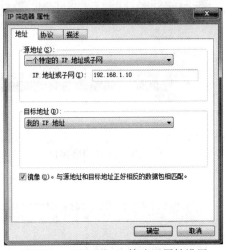

图 7-24 PC_2 上 IP 筛选器属性设置

④ 分配 IPSec 安全策略。打开 PC_1 和 PC_2 的【本地安全策略】窗口，在右侧区域选择

91

"IPSec 安全通信"，单击鼠标右键，在弹出的快捷菜单中选择【分配】菜单命令使之生效，如图 7-25 所示。

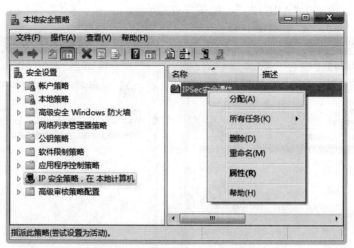

图 7-25　分配 IPSec 安全策略

7.4.3　协议分析软件的配置

在 PC_1 上，运行 Microsoft Network Monitor 软件，在左下角的【Select Networks】列表中选择"本地连接"接口，如图 7-26 所示。

单击【Properties】按钮，弹出【Network Interface Configuration】网络接口配置窗口，选择【P-mode】复选框，即设置该网络接口为混杂模式，单击【OK】按钮，如图 7-27 所示。

图 7-26　选择网络接口

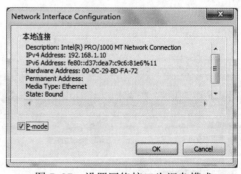

图 7-27　设置网络接口为混杂模式

7.4.4　协议数据包的捕获

① 单击工具栏上的【New Capture】按钮，打开【Capture1】选项窗口，单击工具栏上的【Start】按钮抓取网络数据包，在【Frame Summary】中可以看到被捕获到的所有网络通信数据帧，如图 7-28 所示。

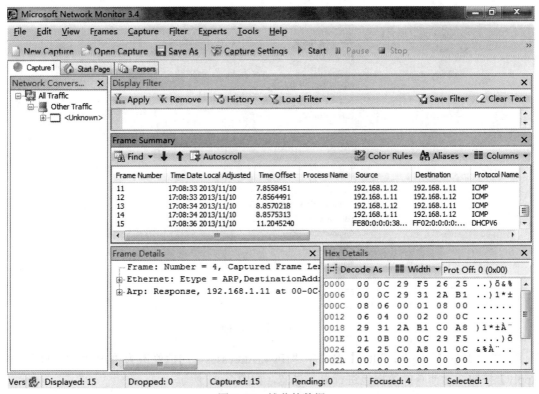

图 7-28　捕获的数据

② 在 PC_1 上，使用 "ping 192.168.1.11" 命令，如图 7-29 所示。

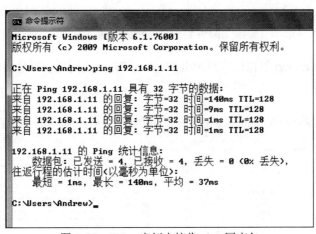

图 7-29　IPSec 案例中接收 ping 回应包

③ 单击图 5-7 中的【Load Filter】按钮，选择【Standard Filters】|【Addresses】|【IPv4 Addresses】菜单命令，如图 7-30 所示。

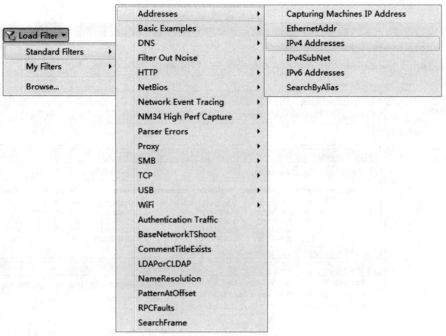

图 7-30　设置 Filter

④ 将打开的【Display Filter】窗口中 "IPv4.Addresses" 的值修改为 "192.168.1.11"，单击【Apply】按钮，对捕获的数据包进行显示过滤，如图 7-31 所示。

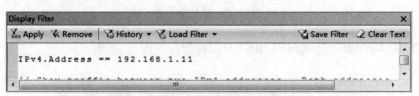

图 7-31　显示过滤 Filter

⑤ 在【Frame Summary】窗口中显示出 PC_1 与 PC_2 之间通信时使用的 "IKE" 和 "ESP"协议，如图 7-32 所示。

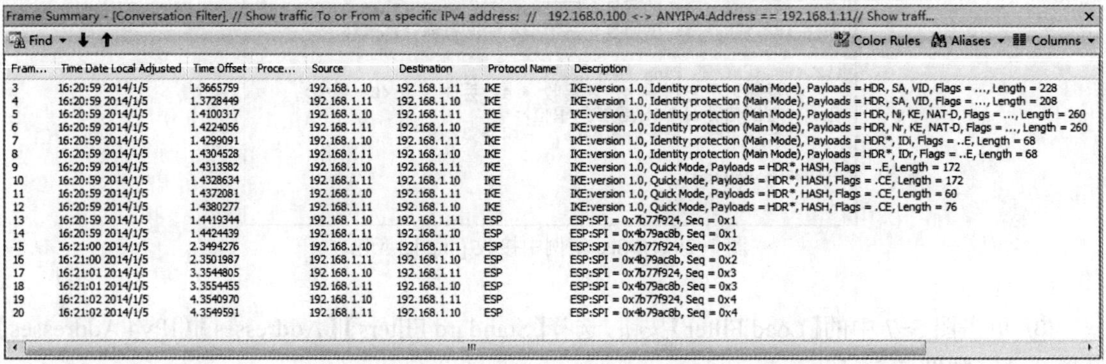

图 7-32　IPSec 协议分析案例中 PC_1 上捕获的数据包

7.4.5 协议数据包的分析

① 从上述捕获的报文可以看出，PC_1 与 PC_2 的通信在使用 IKE 协议进行协商时可以分为 2 个阶段，分别使用了"Main Mode"和"Quick Mode"。第 1 阶段采用"Main Mode"的数据包一共有 6 条，第 2 阶段采用"Quick Mode"的数据包一共有 4 条。

第 1 阶段"Main Mode"模式下，第 1 条和第 2 条数据包的作用是：通过数据包源地址确认对端体的合法性和协商 IKE 策略。

选择第 1 阶段由 PC_1 发往 PC_2 的第 1 条数据包，在【Frame Details】窗口中可以看到该数据包的主要字段及相应值，如图 7-33 所示。

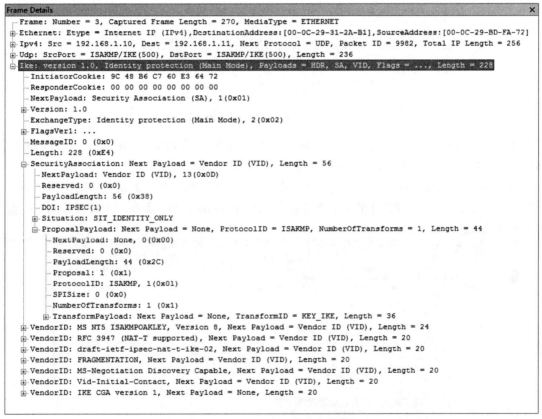

图 7-33　Main Mode 第 1 条数据包

从该数据包的协议层次可以看出，该 IKE 协议是通过 UDP 协议来进行封装的，使用的 UDP 的端口号为 500。发起方的 Cookie 值为"9C48B6C760E36472"，响应方的 Cookie 值由于未知，用"000000000000"来表示。模式为"Main Mode"，载荷类型为"SA"，数量为 1，内容是 IKE 策略。

选择第 1 阶段由 PC_2 发往 PC_1 的第 2 条数据包，在【Frame Details】窗口中可以看到该数据包的主要字段及相应值，如图 7-34 所示。

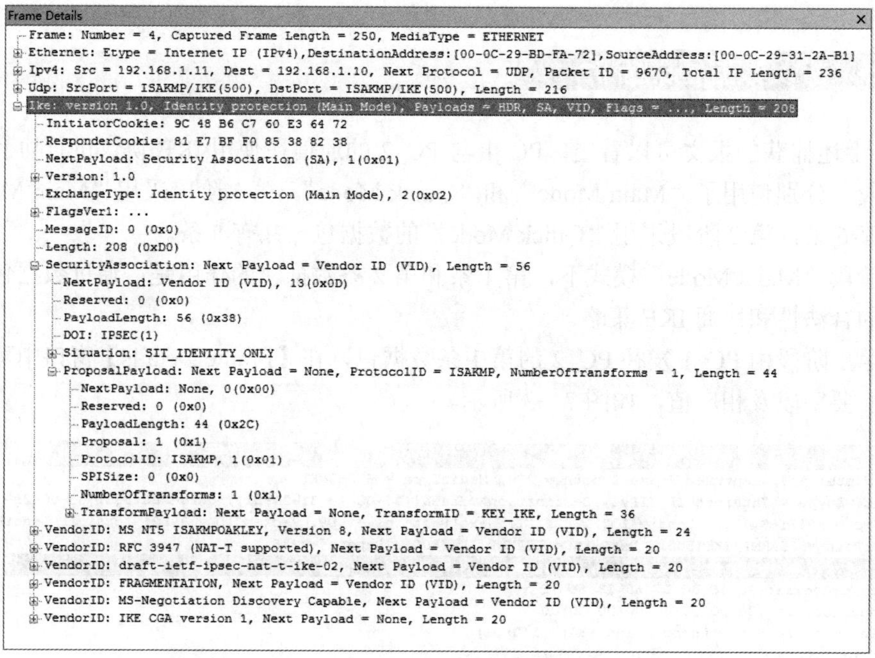

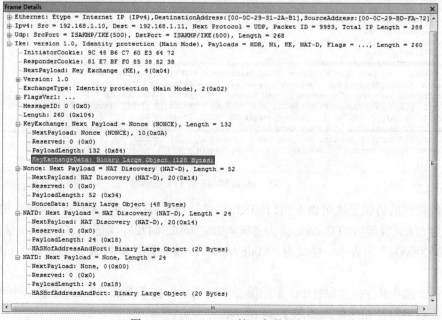

图 7-34　Main Mode 第 2 条数据包

从该数据包可以看到响应方的 Cookie 值及协商后的策略。响应方的 Cookie 值为 "81E7BFF085388238"，双方的 Cookie 值将作为 ISAKMP SA 的标识。

第 1 阶段 "Main Mode" 模式下，第 3 条和第 4 条数据包的作用是通过协商交换密钥。选择第 1 阶段由 PC_1 发往 PC_2 的第 3 条数据包，在【Frame Details】窗口中可以看到该数据包的主要字段及相应值，如图 7-35 所示。

图 7-35　Main Mode 第 3 条数据包

第 1 阶段 "Main Mode" 模式下，第 5 条和第 6 条数据包的主要作用是认证。选择第 1 阶段由 PC_1 发往 PC_2 的第 5 条数据包，在【Frame Details】窗口中可以看到该数据包的主要字段及相应值，如图 7-36 所示。

```
Frame Details                                                                    ×
  Frame: Number = 7, Captured Frame Length = 110, MediaType = ETHERNET
⊕-Ethernet: Etype = Internet IP (IPv4),DestinationAddress:[00-0C-29-31-2A-B1],SourceAddress:[00-0C-29-BD-FA-72]
⊕-Ipv4: Src = 192.168.1.10, Dest = 192.168.1.11, Next Protocol = UDP, Packet ID = 9984, Total IP Length = 96
⊕-Udp: SrcPort = ISAKMP/IKE(500), DstPort = ISAKMP/IKE(500), Length = 76
⊟-Ike: version 1.0, Identity protection (Main Mode), Payloads = HDR*, IDi, Flags = ..E, Length = 68
     InitiatorCookie: 9C 48 B6 C7 60 E3 64 72
     ResponderCookie: 81 E7 BF F0 85 38 82 38
     NextPayload: Identification (ID), 5(0x05)
   ⊕-Version: 1.0
     ExchangeType: Identity protection (Main Mode), 2(0x02)
   ⊕-FlagsVer1: ..E
     MessageID: 0 (0x0)
     Length: 68 (0x44)
   ⊟-IKEPayload: Encrypted Payloads, Length = 40
       PayloadData: Binary Large Object (40 Bytes)
```

图 7-36　Main Mode 第 5 条数据包

从图 7-31 可以看出，载荷为身份认证。第 6 个数据包的内容与第 5 个数据包类似。

第 2 阶段 "Quick Mode" 模式下，第 1 条和第 2 条数据包的作用是发送方把相关的 IPSec 策略发给对方，由对方选择合适的策略。

选择第 2 阶段由 PC_1 发往 PC_2 的第 1 条数据包，在【Frame Details】窗口中可以看到该数据包的主要字段及相应值，如图 7-37 所示。

```
Frame Details                                                                    ×
  Frame: Number = 9, Captured Frame Length = 214, MediaType = ETHERNET
⊕-Ethernet: Etype = Internet IP (IPv4),DestinationAddress:[00-0C-29-31-2A-B1],SourceAddress:[00-0C-29-BD-FA-72]
⊕-Ipv4: Src = 192.168.1.10, Dest = 192.168.1.11, Next Protocol = UDP, Packet ID = 9985, Total IP Length = 200
⊕-Udp: SrcPort = ISAKMP/IKE(500), DstPort = ISAKMP/IKE(500), Length = 180
⊟-Ike: version 1.0, Quick Mode, Payloads = HDR*, HASH, Flags = ..E, Length = 172
     InitiatorCookie: 9C 48 B6 C7 60 E3 64 72
     ResponderCookie: 81 E7 BF F0 85 38 82 38
     NextPayload: Hash (HASH), 8(0x08)
   ⊕-Version: 1.0
     ExchangeType: Quick Mode, 32(0x20)
   ⊕-FlagsVer1: ..E
     MessageID: 1 (0x1)
     Length: 172 (0xAC)
   ⊟-IKEPayload: Encrypted Payloads, Length = 144
       PayloadData: Binary Large Object (144 Bytes)
```

图 7-37　Quick Mode 第 1 条数据包

从图 7-32 可以看出模式是 "Quick Mode"，载荷类型是 "HASH"，已经是安全环境。由于数据已经加密，看不出具体的内容。第 2 条数据包与第 1 条数据包类似。

选择第 2 阶段由 PC_1 发往 PC_2 的第 3 条数据包，在【Frame Details】窗口中可以看到该数据包的主要字段及相应值，如图 7-38 所示。

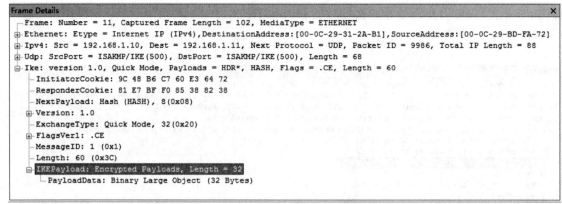

图 7-38　Quick Mode 第 3 条数据包

从图 7-33 可以看出模式是"Quick Mode"，载荷类型是"HASH"，已经是安全环境。由于数据已经加密，看不出具体的内容，但在该报文中已经包含了 SPI（Security Parameter Index，安全参数索引）字段，用于唯一标识一个 IPSec SA。

② 由于在 PC_1 上使用"ping"命令一共发送了 4 条"Echo Request"ICMP 报文，PC_2 向 PC_1 做出了 4 条"Echo Reply"的 ICMP 报文。由于该 ICMP 报文在传输时使用了 IPSec 加密策略，因此在捕获的数据包中并不能直接看到 ICMP 数据包，而只能看到 8 条 ESP 数据包。

选择由 PC_1 发往 PC_2 的第 1 条 ESP 数据包，在【Frame Details】窗口中可以看到该数据包的主要字段及相应值，如图 7-39 所示。

```
Frame Details                                                                    ×
  Frame: Number = 13, Captured Frame Length = 110, MediaType = ETHERNET
  Ethernet: Etype = Internet IP (IPv4),DestinationAddress:[00-0C-29-31-2A-B1],SourceAddress:[00-0C-29-BD-FA-72]
  Ipv4: Src = 192.168.1.10, Dest = 192.168.1.11, Next Protocol = ESP, Packet ID = 9987, Total IP Length = 96
    Versions: IPv4, Internet Protocol; Header Length = 20
    DifferentiatedServicesField: DSCP: 0, ECN: 0
    TotalLength: 96 (0x60)
    Identification: 9987 (0x2703)
    FragmentFlags: 0 (0x0)
    TimeToLive: 128 (0x80)
    NextProtocol: ESP, 50(0x32)
    Checksum: 36867 (0x9003)
    SourceAddress: 192.168.1.10
    DestinationAddress: 192.168.1.11
  Esp: SPI = 0x7b77f924, Seq = 0x1
    SecurityParameterIndex: 2071460132 (0x7B77F924)
    SequenceNumber: 1 (0x1)
    EncryptedData: Binary Large Object (68 Bytes)
    Trailer: PadLength = 0, Encapsulated Protocol = Unassigned
```

图 7-39　第 1 条 ESP 数据包【Frame Details】窗口显示

从图 7-39 可以看出 SPI 值为"0x7B77F924"，序列号为"0x00000001"，ESP 协议类型值为"0x32"。其内容在【Hex Details】窗口中的内容如图 7-40 所示。

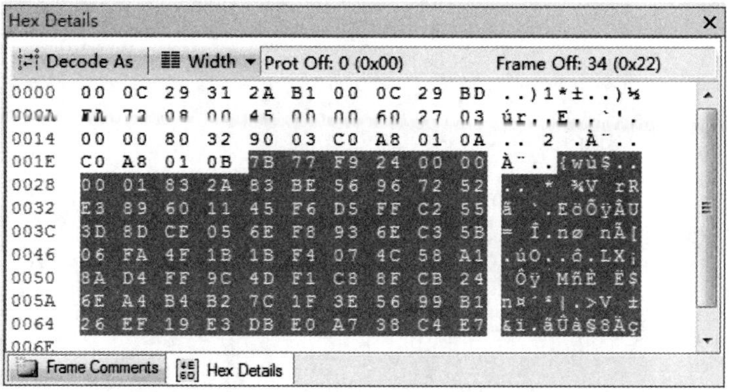

图 7-40　第 1 条 ESP 数据包【Hex Details】窗口显示

本章总结

　　IPSec 是一种开放标准的框架结构，通过使用加密的安全服务以确保在 IP 网络上进行保密而安全的通讯。IPSec 是安全联网的长期方向。它通过端对端的安全性来提供主动的保护以防止专用网络与 Internet 的攻击。在通信中，只有发送方和接收方才是唯一必须了解 IPSec 保护的计算机。IPSec 可以保护 IP 数据包的内容，通过数据包筛选及受信任通讯的实施来防御网络攻击。

8

第 8 章
综合应用案例协议分析

通过使用软件抓包，分析 DNS、FTP 报文结构，理解 NAT、DNS、FTP 通信过程。

8.1　案例拓扑和配置参数

使用 1 台 Windows 7 虚拟机，1 台 Windows 2003 虚拟机，NATServer_1 左侧连接的网络使用私网地址，NAT 右侧两个网络使用公网地址，DNSServer_1 的 IP 地址为 "218.2.135.1"，FTPServer_1 的域名为 "72163.ftpdo.com"，其网络拓扑结构如图 8-1 所示。

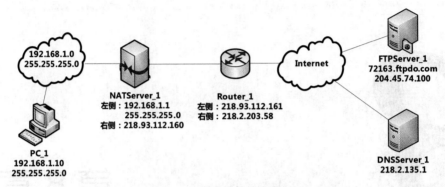

图 8-1　带路由的综合案例

其 TCP/IP 协议详细参数配置见表 8-1。

表 8-1　HTTP 协议分析详细参数配置表

设备名称	IP 地址	子网掩码	网关	DNS 服务器
PC_1	192.168.1.10	255.255.255.0	192.168.1.100	218.2.135.1
NATServer_1	192.168.1.100	255.255.255.0		218.2.135.1
	218.93.112.160	255.255.255.128	218.93.112.129	218.2.135.1

8.2　NAT 的配置

① 依据网络拓扑图在各设备上配置相应的 IP 地址，在 "命令提示符" 中使用 ping 命令测试 PC_1、Server_1 之间私网的连通性，确保 PC_1、Server_1 相互都能 ping 通。

② 在 Server_1 上配置 NAT 服务。在 Server_1 上选择【开始】|【程序】|【控制面板】|【系统和安全】|【管理工具】菜单命令，双击【路由和远程访问】图标，打开【路由和远程访问】窗口，如图 8-2 所示。

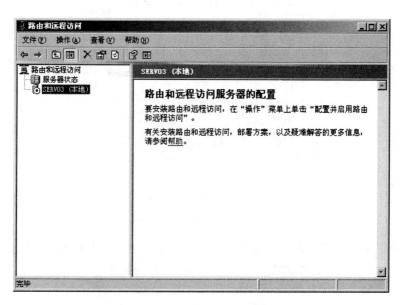

图 8-2　路由和远程访问窗口

在左侧区域选择本地服务器，如"SERV03"，单击鼠标右键，在弹出的快捷菜单中选择【配置并启用路由和远程访问】菜单命令，打开【路由和远程访问服务器安装向导】对话框，单击【下一步】按钮，选择【网络地址转换】单选项，单击【下一步】按钮，如图 8-3 所示。

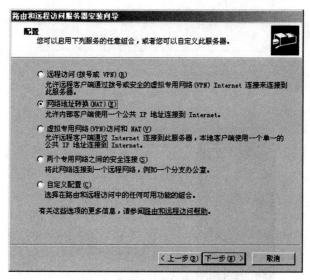

图 8-3　配置网络地址转换

在【使用此公共接口连接到 Internet】列表框中选择配置了公网地址的网络接口，如"本地连接 2"，单击【下一步】按钮，如图 8-4 所示。

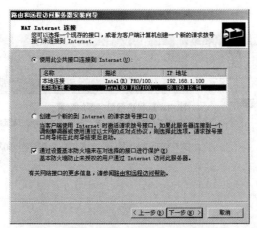

图 8-4 选择连接到 Internet 的网络接口

选择【我将稍后设置名称和地址服务】单选项,单击【下一步】按钮,如图 8-5 所示。

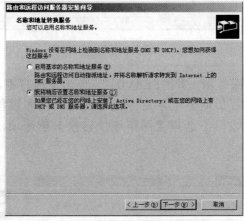

图 8-5 配置名称和地址转换服务

查看路由和远程访问服务器的配置摘要信息,单击【完成】按钮结束 NAT 服务的配置,如图 8-6 所示。

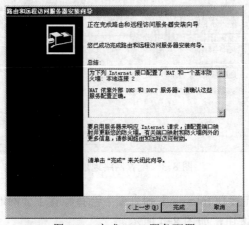

图 8-6 完成 NAT 服务配置

8.3　协议分析软件的配置

在 PC_1 上，运行 Microsoft Network Monitor 软件，在左下角的【Select Networks】列表中选择"本地连接"接口，如图 3-5 所示。

单击【Properties】按钮，打开【Network Interface Configuration】网络接口配置窗口，选择【P-mode】复选框，即设置该网络接口为混杂模式，单击【OK】按钮，如图 3-6 所示。

8.4　协议数据包的捕获

① 单击工具栏上的【New Capture】按钮，打开【Capture1】选项窗口，单击工具栏上的【Start】按钮抓取网络数据包，在【Frame Summary】中可以看到被捕获到的所有网络通信数据帧，如图 8-7 所示。

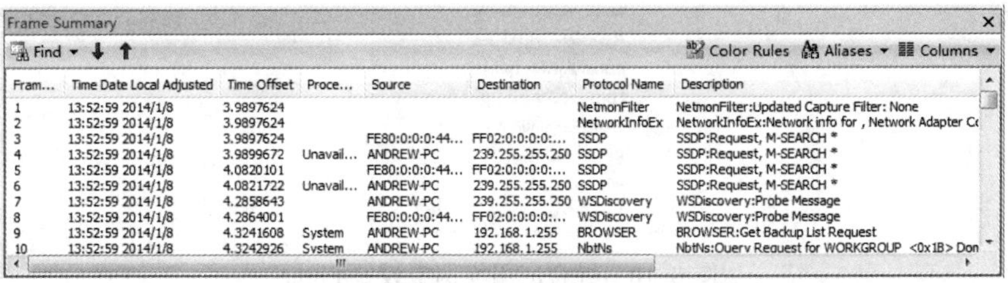

图 8-7　综合应用案例捕获的数据

② 在 PC_1 和 DNSServer_1 上，使用 "ipconfig /flushdns" 命令来清除本地 DNS 缓存信息，当出现 "Successfully flushed the DNS Resolver Cache" 的提示时表明当前计算机的缓存信息已经被成功清除，下次继续访问时，会到 DNS 服务器上获取最新的解析地址，不会从本地缓存中提取，如图 8-8 所示。

③ 打开 PC_1 的【计算机】窗口，在地址栏中输入 "ftp://72163.ftpdo.com"，打开【登录身份】对话框，在【用户名】文本框中输如 "andrewx"，在【密码】文本框中输入 "abc12345670"，单击【登录】按钮显示 FTP 站点上的内容，如图 8-9 所示。

图 8-8　清除本地 DNS 缓存信息

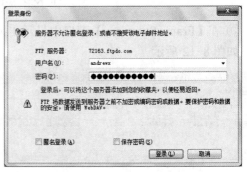

图 8-9　登录 FTP 站点

8.5　协议数据包的分析-DNS

① 单击【Load Filter】按钮，选择【Standard Filters】|【DNS】|【Protocol Filter - DNS】菜单命令，如图 8-10 所示。

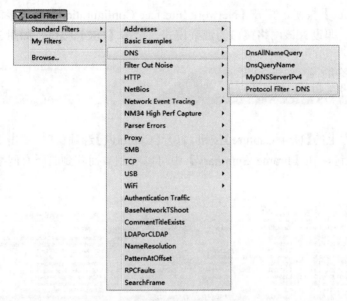

图 8-10　综合应用案例中设置 Filter

② 在打开的【Display Filter】窗口中显示过滤的条件为 "DNS"，单击【Apply】按钮，对捕获的数据包进行显示过滤，如图 8-11 所示。

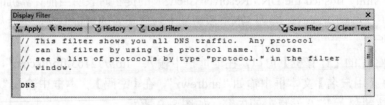

图 8-11　综合应用案例设置 Filter 参数

③ 在【Frame Summary】窗口中显示出 PC_1 与 DNSServer_1 之间的 DNS 查询和应答报文，如图 8-12 所示。

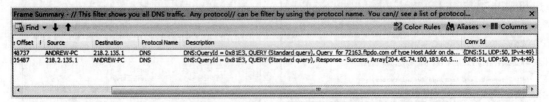

图 8-12　DNS 查询和应答报文

④ 选择第 1 条由 PC_1 发往 DNSServer_1 的查询报文，在【Frame Details】窗口中可以看到该报文的主要字段及相应值，如图 8-13 所示。

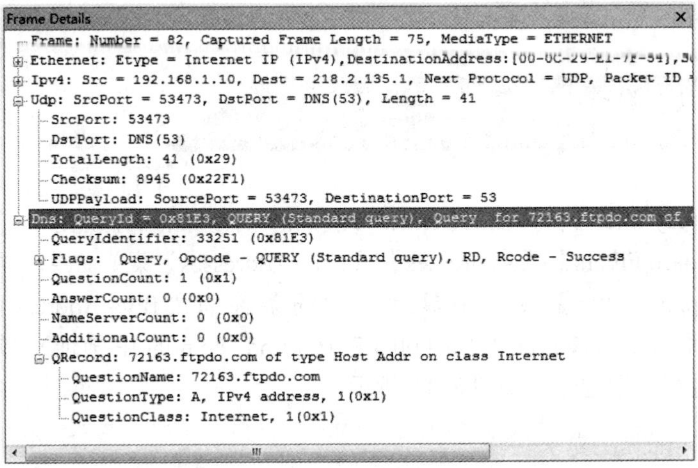

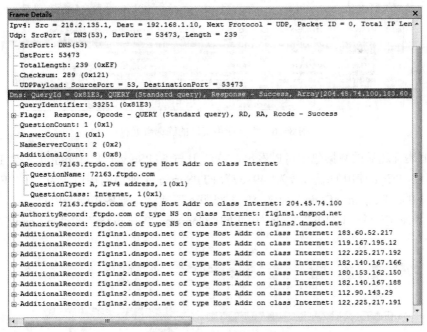

图 8-13 DNS 查询报文

从该数据报文中可以看到该 DNS 查询报文是基于 UDP 协议的，PC_1 使用的端口号为"53473"，DNSServer_1 使用的端口号为"53"。该查询报文查询的域名为"72163.ftpdo.com"，查询的类型为"A"记录类型。

选择第 2 条由 DNSServer_1 发往 PC_1 的应答报文，在【Frame Details】窗口中可以看到该数据包的主要字段及相应值，如图 8-14 所示。

图 8-14 DNS 应答报文

从该数据报文中可以看到该 DNS 应答报文也是基于 UDP 协议的，PC_1 使用的端口号为

"53473"，DNSServer_1 使用的端口号为"53"。该应答报文显示被查询的域名"72163.ftpdo.com"的 IP 地址为"204.45.74.100"，同时可以看到授权应答（AuthorityRecord）一共是 2 条，附加应答（AdditionalRecord）一共是 8 条。

8.6　协议数据包的分析-FTP

① 单击【Display Filter】窗口上的【Remove】按钮，清楚原有的筛选条件，单击【Load Filter】按钮，选择【Standard Filters】|【Addresses】|【IPv4 Addresses】菜单命令，界面参见 3-9 所示。

② 在【Display Filter】窗口中显示过滤的条件为"IPv4.Address ==204.45.74.100"（204.45.74.100 为通过 DNSServer_1 查询到的 72163.ftpdo.com 的 IP 地址），单击【Apply】按钮，对捕获的数据包进行显示过滤，如图 8-15 所示。

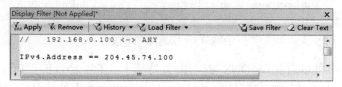

图 8-15　综合应用案例中设置 Filter 参数

③ 在【Frame Summary】窗口中显示出 PC_1 与 FTPServer_1 之间的数据包，如图 8-16 所示。

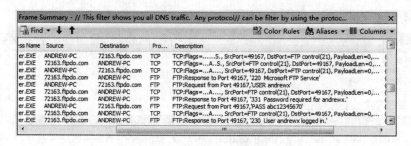

图 8-16　综合应用案例的筛选数据包

④ 从上述筛选后的数据包中可以看出， PC_1 与 FTPServer_1 首先经过三次 TCP 握手建立了控制连接，PC_1 使用的端口号为"49167"，FTPServer_1 使用的端口号为"21"。FTPServer_1 返回给 PC_1 的"Response Code"为 220，表明服务器就绪，准备接受新用户。

⑤ PC_1 发送一个"USER"命令，后面的"CommandParameter"为"andrewx"，如图 8-17 所示。

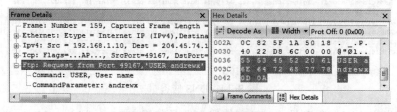

图 8-17　发送 FTP 用户名

FTPServer_1 进行应答，应答号为"331"，表示用户名被接受，要求输入口令，如图 8-18 所示。

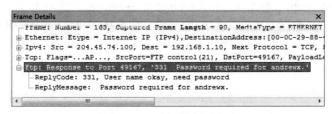

图 8-18 服务器接受用户名

PC_1 发送"PASS"命令，后面的"CommandParameter"为"abc12345670"，即为登录密码，如图 8-19 所示。

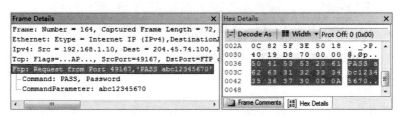

图 8-19 提交密码

FTPServer_1 产生一个应答，应答号为"230"，表示用户成功登录，如图 8-20 所示。

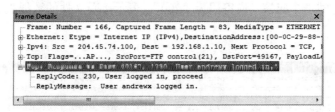

图 8-20 用户成功登录

PC_1 发送"PWD"命令，显示当前工作目录，如图 8-21 所示。

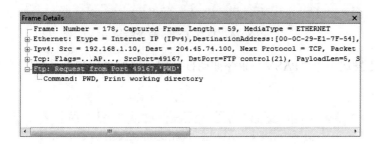

图 8-21 发送 PWD 命令

FTPServer_1 返回一个应答，应答码为"257"，表示命令被接受，并给出了回应消息，如图 8-22 所示。

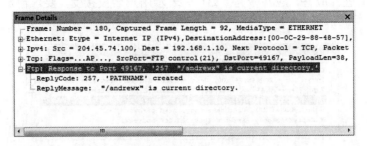

图 8-22　执行 PWD 命令结果

PC_1 发送一个"TYPE A"命令，设置文件的数据类型，如图 8-23 所示。

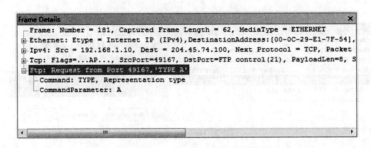

图 8-23　发送 TYPE 命令

FTPServer_1 返回一个应答，应答码为"200"，表示接受文件的数据类型设置为"ASCII"，如图 8-24 所示。

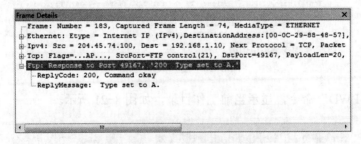

图 8-24　执行 TYPE 命令结果

FTPServer_1 发送一个"PASV"命令被动打开服务器的"1933"号端口（5*7+141=1933）。如图 8-25 所示。

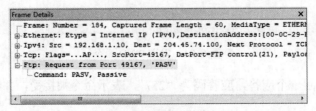

图 8-25　被动模式打开连接

FTPServer_1 返回一个应答，应答码为"227"，表示命令被接受，如图 8-26 所示。

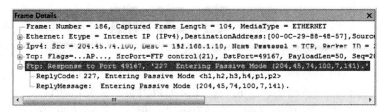

图 8-26　被动模式被接受

PC_1 发送一个"LIST"命令，列出 FTPServer_1 上的目录，如图 8-27 所示。

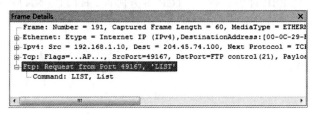

图 8-27　LIST 命令

FTPServer_1 对命令结果进行数据传输，完成后 FTPServer_1 返回一个应答，应答码为"226"。如图 8-28 所示。

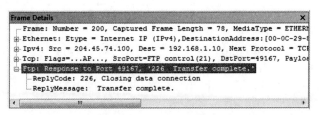

图 8-28　LIST 命令执行结束

本章总结

应用层允许应用程序访问其他层的服务，它定义了应用程序用来交换数据的协议。应用层包含大量的协议，而且人们一直在开发新的协议。人们最熟悉的那些应用层协议可以帮助用户交换信息。

（1）超文本传输协议（HTTP）：用于传输那些构成万维网上的页面的文件。

（2）文件传输协议（FTP）：用于传输独立的文件，通常用于交互式用户会话。

（3）简单邮件传输协议（SMTP）：用于传输邮件和附件。

（4）域名系统（DNS）：用于将主机名称，解析为 IP 地址并在 DNS 服务器之间复制名称信息。

（5）路由信息协议（RIP）：是路由器用来在 IP 网络上交换路由信息的协议。

（6）简单网络管理协议（SNMP）：用于收集网络管理信息并在网络管理控制台和网络设备（例如，路由器、网桥和服务器）之间交换网络管理信息。

参 考 文 献

[1] 楼桦. 计算机网络基础. 北京：北京师范大学出版社，2011.

[2] 楼桦. 计算机网络基础实训. 北京：北京师范大学出版社，2011.

[3] 福尔，史蒂文斯. TCP/IP 详解：卷 1　协议. 北京：机械工业出版社，2012.

[4] 赖特. TCP/IP 详解：卷 2　实现. 北京：机械工业出版社，2004.

[5] Stevens W R. TCP/IP 详解：卷 3　TCP 事务协议、HTTP、NNTP 和 UNIX 域协. 北京：机械工业出版社，2011.